U0166917

动物世界大揭秘

哺乳动物

余大为 韩雨江 李宏蕾◎主编

吉林科学技术出版社

阅读指南

《动物世界大揭秘——哺乳动物》共分为五章。第一章，草原动物；第二章，森林动物；第三章，高原和极地动物；第四章，水生动物；第五章，家养动物。

小档案
介绍动物的体长、食性、分类、特征等知识（由于哺乳动物品种众多，小档案只介绍了该种类其中的一种，并与图片相对应。）

知识点
介绍动物的生理属性、生活习惯及形态特征

主标题
主标题文字

主文字
动物的解说文字内容

趣味性小故事
关于动物的趣味性小故事

软件操作说明

1 下载"动物世界大揭秘"AR 互动 App，根据屏幕上的提示，进入 App 内开始科普互动。

2 图书中带有"扫一扫"标识的页面，就会有扩展的 AR 科普互动。

3 将图书平摊放置，打开 AR 互动 App，使用摄像头对准图书中的动物，调整图书在屏幕上的大小，以便达到更好的识别效果。

4 在可见的区域内，进行远近距离的调整，能够多角度地观察 AR 所呈现的立体效果。

5 选择 App 内的系统提示按钮，能够呈现初始、行走、习性、照相、脱卡等功能，每种功能按钮都会带来全新的体验乐趣。

目录

第一章
草原动物

狼

团队协作的猎手

狼对大家来说并不陌生，在书本和影视作品中我们都能看到它们的形象。狼有着健壮的身体，长长的尾巴，带趾垫的足和宽大弯曲的嘴巴。狼的耐力很强，奔跑速度极快，攻击力强，总是成群结队地奔跑在草原上。狼是肉食性动物，嘴里长有锋利的犬齿，嗅觉和听觉都非常灵敏，它们不仅喜欢吃羊、鹿等有蹄类动物，对于兔子、老鼠等小型动物也是来者不拒。狼群的分布非常广泛，它们现在主要生活在苔原、草原、森林、荒漠、农田和一些人口密度较小的地区。

狼族社会的秘密

狼之所以能够在生存竞争中获得成功，是因为它们有着自己独有的社会体系。狼群的等级制度极为严格。家族式的狼群通常由优秀的狼夫妻来领导，而以兄弟姐妹组成的狼群则由最强的狼作为头狼。狼群的数量从几只到十几只不等，狼群内部分工明确，拥有严格的领地范围，互相之间一般不会重叠，也不会入侵其他狼群的领地。

狼成功的秘诀是什么

在史前的美洲大陆上，狼曾经与剑齿虎和泰坦鸟等大型掠食者分庭抗礼。然而体形巨大的剑齿虎和泰坦鸟都灭绝了，狼却依旧活跃在食物链顶端。除了对环境变化的适应力，狼的社会化群体行为和它们团队作战的方式都是它们屹立在食物链顶端的秘诀。

狼的嗅觉
非常敏锐。

狼经常用长啸来
与远处的同伴互相沟
通，这是它们的标志
性行为。

狼的耳朵非常
灵敏，能够察觉到
小型猎物的动向。

狼	
体长：105～160 厘米	分类：食肉目犬科
食性：肉食性	特征：有棕色和灰色的皮毛，牙齿非常锋利

尾巴的状
态能反映出狼
的情绪。

蜜獾

世界上最无所畏惧的动物

大家都知道，迪士尼的小熊维尼最爱吃蜂蜜，它总把小手伸进蜜罐里去偷吃蜂蜜。这世界上还有一种动物爱偷吃蜂蜜，那就是蜜獾。蜜獾是鼬科蜜獾属下唯一一种动物，在非洲、西亚和南亚都有它们的身影。它们长着黑色和灰白色的皮毛，身长只有1米左右。这么一种体态小巧轻盈的动物，却是个天不怕地不怕的家伙。闯蜂窝，斗狮虎，从熊和猎豹嘴里夺食，吃鳄鱼和眼镜蛇，凭借勇猛无畏的性情和强壮有力的身躯在大草原上难逢敌手。蜜獾甚至曾经多次以"世界上最无所畏惧的动物"的称号被收录在吉尼斯世界纪录中。

我们蜜獾勇敢着呢

蜜獾表面看起来憨厚可爱，实际上却是非常勇猛大胆的动物，能很快而且准确地判断敌人的弱点。蜜獾不仅能杀死幼年尼罗鳄，还是非常有效率的毒蛇杀手，它们只需要15分钟就可以吃掉一条1.7米长的蛇。蜜獾的凶猛在自然界众所周知，甚至没有哪只豹或狮子愿意与它们搏斗。它们在打斗中异常凶猛，即使是面对比自己大的对手也丝毫不会畏惧。

合作共赢

为了获取更多的蜂蜜，蜜獾会选择与响蜜鴷合作，响蜜鴷自己破不开蜂巢，当发现蜂巢后就引导蜜獾寻找蜂巢，蜜獾用其强壮有力的爪子扒开蜂巢吃蜜，而响蜜鴷也可分得一餐蜂蜜。

蜜獾		
体长：60～120厘米		分类：食肉目鼬科
食性：杂食性		特征：身体呈黑色，背部的毛为灰白色

蜜獾的食物是什么

蜜獾胃口极好，从不挑肥拣瘦，有什么就吃什么，从不放过任何一个获得美餐的机会。蜜獾爱吃小型哺乳动物、鸟、各种昆虫、腐肉和浆果、坚果等野果，还有眼镜蛇、曼巴蛇等各种毒蛇，但它最喜欢、最钟情的只有一种，就是蜂蜜，蜜獾的名称也就由此而来。

背部的毛发呈灰白色。

看上去，蜜獾似乎留着一个"平头"的发型。

下颌非常有力，能轻易咬死猎物。

蜜獾的耳朵隐藏在毛发下面。

强壮锋利的爪子可以轻易摧毁蜂巢或者挖开鼠洞。

针鼹

哺乳动物活化石

　　针鼹和鸭嘴兽一样，也是卵生的哺乳动物，它们至今仍保持着远古时代的样子：细长的口鼻部和满身的尖刺，外形和刺猬很像，但两者并没有什么亲戚关系。针鼹的繁殖方式与远古时期的祖先没有什么区别，交配后，母针鼹会产下一个像皮革一样坚韧的软壳蛋，然后把蛋放进育儿袋中。几周以后，针鼹宝宝就出生啦。刚出生的小针鼹所要做的第一件事就是吃奶。母针鼹也会和其他哺乳动物一样给自己的宝宝喂奶。它们没有乳头，乳汁从腹部的乳孔分泌出来。

针鼹

体长：50 ～ 70 厘米	分类：单孔目针鼹科
食性：肉食性	特征：口鼻部细长，浑身有尖刺

针鼹能活多久

在哺乳动物里面，针鼹的寿命算是比较长的了。有关记录表明，动物园里养着的针鼹可以超过 50 岁，野生针鼹的寿命较饲养的会短一些。动物学家们认为针鼹之所以这么长寿，是因为它们的体温与其他的哺乳动物相比较低，从而减缓了新陈代谢的速度。

捕食达人

针鼹的眼睛很小，眼神也不是特别好，但是它们却能敏锐地察觉土壤中轻微的震动，还能利用口鼻部感受到昆虫发出的十分细微的生物电信号。针鼹没有牙齿，但是舌头却既长又灵活，它们主要吃蚂蚁和其他昆虫，还有其他一些能通过它们那张细小的嘴巴的食物。

身上的尖刺是它们护身的法宝。

针鼹的口鼻部细长，能伸进蚁穴中。

爪子锋利，是挖掘工具和保护自己的武器。

当遇到危险的时候会缩成一团，把尖刺朝外。

大食蚁兽

长舌头的食蚁高手

在南美洲和中美洲的草原、落叶林和雨林中，生活着一种喜欢吃蚂蚁的动物——食蚁兽，大食蚁兽是现存 4 种食蚁兽中体形最大的一种。大食蚁兽主要以蚂蚁为食，它们的嘴很长，嘴里却没有牙齿，只有一条长舌头，它们就靠这条舌头捕食蚂蚁。大食蚁兽的尾巴非常漂亮，有 1 米长，而且蓬松多毛，睡觉的时候，甚至可以盖在身上当作毯子。如果遇到危险无法逃脱，大食蚁兽就干脆坐在尾巴上进行反击。大食蚁兽性情温和，不会主动伤害人类，它们昼伏夜出，经常单独行动，一般寿命可达 14 年。

大食蚁兽

体长：180～200 厘米	分类：贫齿目食蚁兽科
食性：杂食性	特征：舌头细长，爪子锋利，毛发很长

它们的利爪有多强大

    大食蚁兽的前肢除第五指外，其他手指都带有钩爪，长长的爪子弯曲如镰刀，能够轻松地刨开坚固的蚁巢，将树皮撕掉也不在话下，那是它们寻找食物和自我保护的利器。被逼到走投无路的情况下，大食蚁兽会挥舞它们的爪子攻击敌人，甚至和美洲虎抱成一团厮杀，往往还能够用它们锋利的爪子把美洲虎杀死。

蚂蚁的克星

    为了能够更有效率地吃蚂蚁，大食蚁兽长出了细长并且能够伸缩的舌头，长度足足有半米。大食蚁兽锋利的爪子可以轻易地挖开白蚁的巢穴，细长的舌头能够伸入蚁穴，然后迅速地伸缩舌头，被舌头粘住的蚂蚁就无法逃脱了。它们为了维持每天的热量消耗，大食蚁兽一天最多可以吃掉 3 万只蚂蚁或者白蚁。

身上有一条黑色的条纹。

为了保护爪子，大食蚁兽通常用腕关节着地走路。

用爪子掘开树洞或者蚁穴，用细长的舌头舔食蚂蚁。

尾巴的毛非常长，像一把大扫帚。

大犰狳

身披鳞甲的打洞高手

　　看，这个动物看起来好像一只大乌龟！原来它是大犰狳。大犰狳也叫"巨犰狳"，是犰狳科中体形最大的一种。它们的身体表面有一个由骨质的鳞甲构成的壳，这是它们用来保护自己免遭肉食动物攻击的法宝。大犰狳的尾巴很长，四肢较短，它们的指爪弯曲而尖锐，十分有力，具有超高的打洞技能，但不适合用来搏斗。大犰狳生活在南美洲的草原上，以及亚马孙河流域靠近水边的地区，它们白天在洞中睡觉，到了晚上才出来活动。大犰狳的食性很杂，蚂蚁、白蚁、甲虫、鸟卵，甚至腐肉都是它们的食物，它们的食量很大，对于破坏房屋建筑的白蚁有着非常好的控制作用。对于人类来说，大犰狳可是一种有益的动物呢。

在遇到危险的时候，大犰狳能迅速缩成一团。

大犰狳的腹部是它们的薄弱位置。

挖洞本领有多高强

大犰狳具有很强的挖洞能力，能够在坚硬的地面挖洞，甚至能把水泥地面挖开。它们挖洞的速度和力量都非常惊人，当遇到敌人时，它们能在几分钟之内挖出洞，并将自己的全身埋进土里。在美国，一名男子在土里发现了一只大犰狳，它的体重足足有 32 千克。

难道它们练过柔术

大犰狳四肢很短，身上布满厚重的鳞甲，在遇到敌害无法逃跑的时候，就会将身体缩成一个球，把柔软的头、胸、腹和四肢都包裹在坚硬的外壳之内。不过大犰狳坚硬的外壳并不能挡住所有的掠食者，当碰见狼群和猞猁这样咬合力强劲、牙齿也足够锋利的动物的时候，大犰狳的末日就到了。

大犰狳

体长：75 ～ 100 厘米	分类：贫齿目犰狳科
食性：杂食性	特征：身上披着铠甲，能够缩成一个球形

大犰狳的身上
披着厚实的鳞甲。

爪子非常
适合打洞。

穿山甲

挖洞的高手

穿山甲身材狭长，四肢短粗，嘴又尖又长，从头到尾布满了坚硬厚重的鳞片。穿山甲对自己居住条件的要求非常高，夏天，它们会把家建在通风凉爽、地势偏高的山坡上，避免洞穴进水；到了冬季，它们又会把家建在背风向阳、地势较低的地方。洞内蜿蜒曲折、结构复杂，长度可达 10 米，途中还会经过白蚁的巢，可以用来做储备"粮仓"，洞穴尽头的"卧室"较为宽敞，还会垫着细软的干草来保暖。

白蚁到底有多好吃

白蚁好不好吃，可能只有穿山甲自己才知道。穿山甲的主要食物是白蚁。它们一般会在夜间外出觅食，在觅食时，它们会将带有黏性唾液的长舌头伸进蚁穴，将白蚁一扫而空。穿山甲是个大胃王，它的食量惊人，据记载，一只穿山甲的胃最多可以容纳 500 克白蚁。

穿山甲真的无坚不摧吗

穿山甲擅长挖洞，又浑身披满鳞甲，因此被命名为"能穿山的鳞甲动物"。传说中穿山甲可以挖穿山壁，实则不然，它们并没有挖穿山壁的本领。就算是挖洞，它们也会选择土质松软的地方，并不是什么都能挖开。

鳞片是它们的制胜法宝

穿山甲的鳞片由坚硬的角质组成，从头顶到尾巴、从背部到腹部全部长满了如瓦片状厚重坚硬的黑褐色的鳞片。这些鳞片形状不同，大小不一。穿山甲遇到危险时会缩成一团，如果被咬住，它们还会利用肌肉让鳞片进行反复的切割运动。这一锋利的武器会给敌人带来严重的伤害，所以不得不松口放穿山甲逃生。

穿山甲

体长：34～92厘米	分类：鳞甲目穿山甲科
食性：肉食性	特征：全身上下覆盖着鳞片

穿山甲的鳞片像瓦片一样层层叠叠地覆盖在身上。

幼小的穿山甲通常会趴在妈妈身上，跟随妈妈一起行动。

如果遇到危险，穿山甲会紧紧团成一个球，来保护自己不被猎食。

锋利的爪子是它们"穿山"的工具。

19

貘

"吃梦"的动物

　　貘的历史很久远，经历了无数的沧桑巨变之后，世界上只剩下了5种貘，除了马来貘以外，其他4种都生活在美洲。生活在南美洲的中美貘分布于墨西哥到哥伦比亚之间，是拉丁美洲现存体形最大的陆生动物。尽管貘是陆生动物，但是大部分时间都生活在水中和泥中。貘的唇边、耳尖、喉和胸部都有一块乳白色印记，是区别于其他貘的重要标志。中美貘的嗅觉和听觉非常灵敏，但是视觉很差，生性温顺胆小，如果遇到危险会迅速跳进水中或冲进丛林逃跑。貘是很腼腆的动物，喜欢独自生活或者和伴侣一起生活，常常在夜间觅食，以水生植物的枝、树叶以及野果为食。

貘的鼻子很灵活，与大象的鼻子有异曲同工之处。

中美貘

体长：180～250 厘米	分类：奇蹄目貘科
食性：植食性	特征：身体为褐色，脸部和喉部有乳白色印记，鼻子较长

传说中的食梦貘

在古代的传说中有一种神奇的动物——食梦貘，据说它以吃掉人的梦为生，当人们遇到噩梦就说"把梦给貘吧"，希望自己不再做噩梦。在中国的古代，人们会将貘的形象画在屏风上，以期待能够有良好的睡眠或者避免头痛。

貘长着圆滚滚的身体。

在幼年期的时候，貘的身上有花纹，不过随着成长花纹会慢慢褪去。

 ## 可以伸缩的鼻子

貘的鼻子又圆又长，并且向前突出，长得像猪，但比猪的鼻子要长。它们的鼻子很有弹性，可以灵活伸缩，如果再长一点就可以和大象的鼻子媲美了。唐代诗人白居易曾经在他的《貘屏赞》中这样描述貘："象鼻犀目，牛尾虎足。"虽然貘的鼻子不像大象的那样长，但是它们灵活的鼻子被称为"象鼻"也毫不为过。

足部前肢有四趾，后肢有三趾。

 勇敢的"女猎手"

在狮子的群体中，狩猎的任务是由雌狮来完成的。雌狮不会单枪匹马地去捕猎，它们通常会组团合作狩猎，从猎物的四周悄悄包围猎物，再一点一点缩小包围圈，其中有一些负责驱赶猎物，其他的则等待着伏击。雌狮合作狩猎时的成功概率远远超出其他猫科动物，不愧是狮子中勇敢的"女猎手"。

非洲狮	
体长：约300厘米	分类：食肉目猫科
食性：肉食性	特征：身体强壮，雄狮有威风的鬃毛

非洲狮
草原之王

谁才是真正的草原霸主？答案一定是非洲狮了。非洲狮是非洲最大的猫科动物，也是世界上第二大的猫科动物。它们体形健壮，四肢有力，头大而圆，爪子非常锋利并且可以伸缩。在非洲狮面前，大多数肉食动物都处于劣势地位。非洲狮长着发达的犬齿和裂齿，是非洲的顶级掠食者，非洲的绝大多数草食动物都是它们的食物。在狮群中，雌狮主要负责捕猎，雄狮则负责保卫领地。和其他猫科动物一样，它们也喜欢在白天睡觉，虽然强壮的狮子在白天也可以捕捉到猎物，但是在清晨和夜间捕猎的成功率会更高。它们一旦填饱肚子，就可以五六天不用再捕食了，在猎物极度匮乏的情况下，狮子也会抢夺其他肉食动物的猎物来充饥。

王者总是孤独的

雄狮宝宝在出生6个月后断奶，但是它们不需要马上学习捕食，母狮会将捕来的猎物送到它们嘴边。虽然幼年的雄狮生活幸福，但是两岁后就要开始艰苦的生活：它们会被赶出狮群。从此雄狮就要一切靠自己了，它们要努力磨炼自己，以成为一个新的狮群的狮王。

狮王争夺战

当一只外来的雄狮想要入侵狮群的领地时，狮群的狮王就会将它赶出领地。如果新来的雄狮向狮王发起挑战，这两者之间就会爆发激烈的战斗。如果狮王战败，那么它就会被赶出原有的领地，新来的雄狮则会成为新的狮王。

雌狮负责狩猎和养育后代。

浓密的鬃毛是雄狮的象征，鬃毛会延伸到肩部和胸部。

雄狮是狮群的首领，一个狮群通常有1～2只雄狮作为领袖。

狮子的肌肉非常发达。

鼻子都能干些什么

非洲象的鼻子不仅可以用来呼吸、闻气味，还可以用来喝水、抓东西。它们喜欢用鼻子吸水然后喷到身上，给自己洗澡降温。非洲象的鼻子末端有两个敏感的指状突起，而亚洲象只有一个突起，这是这两种象的区别之一。

大象是不是记性很好

在大象的脑中存在着与情感和记忆密切相关的海马体，它可以帮助大象把重要信息长期保存。曾有两头大象在同一马戏团表演过，在23年之后它们重逢时，竟还都记得彼此的声音。

非洲象

陆地巨无霸

它们通常成群生活，由一头年长的雌象领导象群。

在非洲的大草原上生存着陆地上最大的哺乳动物——非洲象。对于非洲象来说，真正意义上的天敌，除了人类，可能就只有它们自己了。非洲象比亚洲象稍大，有一对像扇子一样的大耳朵，可以帮它们散发热量。非洲象身高可达4.1米，体重约为4～5吨，厚厚的皮肤帮它们抵御了多种恶劣的环境，使它们可以生存在海平面到海拔5000米的多种自然环境中。一般一个非洲象家族有20～30头象，一头年老的雌象是象群中的首领，象群成员大多是雌象的后代。雄象在象群中是没有地位的，而且到了一定年龄就要离开象群，只能在交配时期回归。象群成员之间的关系非常亲密，行动、进食和抵御敌人都在一起，不同的象群的成员之间通常也能和谐相处。

大象的鼻子非常灵活，就像人类的手一样。

扫一扫

扫一扫画面，小动物就可以出现啦！

非洲象

非洲象	
体长：最大可达 410 厘米	分类：长鼻目象科
食性：植食性	特征：有一条长鼻子，耳朵很大

皮肤既厚实又粗糙。

非洲象无论雌雄都长着象牙。

跳远，太难了

　　非洲象是现存陆生哺乳动物中体形最大的，刚刚出生的小非洲象就有 109 千克了，成年之后的非洲象会有 4～5 吨重，最重的可达 10 吨。它们身材高大笨重，行动缓慢，粗壮的四肢让它们一辈子都无法跳跃，就连奔跑也很费力，是个十足的"慢性子"。

非洲水牛
勇猛的食草动物

听说连狮子都害怕非洲水牛！它们到底是何方神圣？它们有什么了不起的本领？非洲水牛又叫"好望角水牛"，是一种生活在非洲的牛科动物。非洲水牛体长 3 米，重达 900 千克，四肢粗壮，头顶生长着粗壮锋利的角，牛角是它们的武器也是力量的象征。它们很少单独出现，喜欢群居生活，牛群由最强壮的公牛领导，首领享有吃最好的草粮的权利。它们经常栖息在水源附近，喜欢将身体浸泡在水池或泥潭中给自己降温。每年的雨季是水牛们的繁殖季节，雌水牛 5 岁左右生下第一胎，之后隔年生产。小水牛出生后几个小时就能自己走动和奔跑，到了 15 个月大的时候，就要离开群体，加入其他同龄牛群。

奇特的中分发型

非洲水牛体形宽阔，头大角长，雄性水牛的体形更大，角也更粗更长。它们的角从头部中间均匀地向两边分开，形成两条完美的弧线，就像精心制作的中分发型，可以说是艺术与力量的完美结合。在草原上，非洲水牛凭借着强壮的身体和这对牛角与肉食动物战斗，很少有失败的时候。

有个坏脾气的水牛

别看它们长得跟亚洲水牛差不多，脾气可比亚洲水牛暴躁多了，而且难以驯化。非洲水牛非常好斗，有极高的危险性，尤其是受了伤、落单或者带着小牛的母牛最有攻击性。由于非洲水牛脾气不可控，所以经常会发生水牛袭击游客的事件，是非洲造成人类被袭击事件最多的动物之一。非洲水牛与大象、狮子、花豹、犀牛并称为非洲五大猛兽。

头部的角弯曲，角的基部非常厚实。在冲撞中可以保护大脑免遭冲击。

非洲水牛喜欢把身体泡在水里，也会像犀牛一样在身上滚上一层泥巴。

非洲水牛的鼻子总是湿漉漉的。

尾巴左右甩动，能赶走讨厌的苍蝇。

非洲水牛	
体长：210～340 厘米	分类：偶蹄目牛科
食性：植食性	特征：毛发呈黑色或棕黑色，头上的角向左右分开

可不要小看草食动物

非洲水牛虽是草食动物，但是生性凶猛暴躁，即使是号称"草原之王"的狮子也要让它们三分。如果有狮子不自量力去攻击非洲水牛，那后果一定非常严重，经常会有非洲水牛顶死狮子的新闻报道。在坦桑尼亚曾有 11 头狮子围攻撕咬一只非洲水牛的记载，虽然攻击持续了 20 分钟，但狮子没能把水牛制服，最终还是让水牛逃脱了。

蹄子宽大，腿部非常有力。

美洲野牛

草原上的巨兽

美洲野牛	
体长：210～350 厘米	分类：偶蹄目牛科
食性：植食性	特征：身体强壮，身上有很厚实的毛发

　　当成群的美洲野牛在草原上狂奔的时候，它们那种所向无敌的气势，堪称生物进化的奇迹。美洲野牛体长约 3 米，肩高约 1.8 米，体重可达 900～1000 千克，如此庞大的体形，更加凸显了它们超群的力量。因为头顶的尖角比较短，所以在冲撞的时候它们更喜欢利用头顶厚实的肌肉来撞击对手。野牛常年生活在美国和加拿大的草原上。它们喜欢群居生活，能够利用团队的力量来抵御敌人。野牛有灵敏的听觉和嗅觉，生性凶猛，不喜与人亲近，遇到危险会毫不畏惧地进攻。

野牛的天敌是谁

北美洲的狼群是野牛的天敌之一。狼会攻击年幼的小野牛，它们先将牛群冲散，然后在母牛和小牛脱离牛群的时候，狼群就会趁机攻击小牛。为了保护小牛，母牛也会与狼群大战，一般要七只以上的狼才能击败一头野牛，很多时候狼群都是野牛的手下败将。

美洲野牛的角比较短，在战斗中的作用比较有限。

头部的肌肉非常厚实。

头部和胸部有浓密的毛发。

强壮的腿部肌肉让美洲野牛能跑出每小时 56 千米的高速。

猎豹

短跑健将

在奔跑的时候尾巴能保持身体平衡。

猎豹看起来有没有一点像猫？你知道吗，猎豹是猫科家族的成员，是猫科动物成员中历史最久、最独特和特异化的品种。猎豹世世代代生活在大草原上，被称为非洲草原上"行走的青铜雕像"。之所以拥有这样的美称，是因为猎豹的身材是接近于完美的流线型——它们拥有纤细的身体、细长的四肢、浑圆小巧的头部和小小的耳朵，这样灵活轻盈的身材也赋予了它们高速奔跑的能力，猎豹可是世界上短跑速度最快的哺乳动物哦。

猎豹是陆地上短跑速度最快的哺乳动物。

猎豹的脸上有两条标志性的"泪痕"。

猎豹的尾巴有什么用

与其他大部分猫科动物不同的是，猎豹的爪子不能缩回去。它们的爪子像钉鞋一样，在高速奔跑的时候可以抓住地面。

猎豹的尾巴又粗又长，能够在高速奔跑的时候帮助猎豹保持平衡，这样一来，它们在急转弯的时候就不会摔倒了。

 ## 猎豹是哭了吗

　　猎豹与其他豹最大的区别，就是它们的脸上有两条长长的黑色"泪痕"。这两条"泪痕"的用处可大了，它不仅是猎豹的标志性花纹，还可以帮助它们吸收非洲大草原上刺眼的光线，让它们在正午时分的烈日下也能够清楚地看到远处的猎物。

 ## 无法长跑的短跑健将

　　猎豹为了最大限度地提高奔跑速度，已经将身体进化成了精瘦细长的样子。但也正因为这样，猎豹只能坚持 3 分钟左右的高速奔跑，如果持续奔跑太长的时间，它们很有可能会因为体温过高而死去。因此猎豹的每一次追猎都要非常谨慎才行，如果它们连续失败太多次的话，就很有可能由于没有力气继续捕猎而被饿死。

扫一扫画面，小动物就可以出现啦！

猎豹	
体长：100 ～ 150 厘米	分类：食肉目猫科
食性：肉食性	特征：身体纤细，奔跑速度极快

你相信吗，狞猫不用喝水

狞猫分布范围较广，它们大多生活在干旱的草原和沙漠地区，因此它们的技能之一就是可以长时间不用喝水。狞猫长时间不饮水也能生存下去，这是因为它们主要从猎物的体液中摄取水分。

狞猫
矫健的猎手

狞猫是谁？它们是头顶"天线"的猎手！狞猫主要分布在非洲、西亚和南亚的干旱地区，属于小型猫科动物。狞猫的身材矫健，奔跑速度快，跳跃能力极强，拥有强健的四肢和灵活的脊柱，既能捉到天上的飞鸟，也能捕捉狡猾的啮齿类动物。雌雄狞猫大多数都单独居住，它们会分别划分自己的领地，雄性狞猫的领地要比雌性的大，它们每天都会步行一段时间来巡视自己的领土。狞猫的寿命为 12 ～ 17 年，这在猫科动物中算是比较长寿的了。

狞猫

体长：60 ～ 92 厘米	分类：食肉目猫科
食性：肉食性	特征：耳朵尖端有一簇长毛

带着"天线"的黑耳朵

狞猫的耳朵是它们最显著的特征，它们的耳背是黑色的，从耳尖处延伸出黑色的长毛，像两根天线一样高高竖起，随着年龄的增长，耳尖的长毛会向下垂，从而变成一对俏皮的马尾辫。狞猫的耳朵肌肉非常发达，由 20 种不同的肌肉控制，因此它们的听觉非常灵敏，可以捕捉到来自四面八方的声音。耳朵上的"天线"也可以帮助它们感知猎物的方位，非常有助于捕猎。

惊人的弹跳力

　　鸟是狞猫喜欢的猎物之一。狞猫是捕猎高手，有着高超的捕鸟技巧。它们的四肢肌肉强健有力，这给它们提供了非常强的弹跳力。狞猫可以凭借惊人的弹跳力和反应速度捕捉到正在 2 米高的空中飞行的鸟，甚至一次可以捕捉超过 2 只。

耳朵尖端像天线一样的一簇毛发是狞猫最明显的特征。

与猞猁不同的是狞猫长着红棕色的皮毛，而猞猁则带有花纹。

它们的弹跳力非常强。

狞猫的尾巴相对比较短。

猞猁

形态像猫的动物

猞猁也叫"山猫"，属于猫科动物，身材矫健，形态像猫，却比猫要大许多，与猫不同的是它们的尾巴非常短。猞猁是一种中型猛兽，不怕冷，主要生活在北温带的寒冷地区，即使在南部它们也通常生活在较为凉爽的区域，或者是寒冷的高山地带。在自然界中，猞猁的敌人有很多，灰熊和美洲狮一类的大型肉食动物都能够对它们产生威胁，狼群也可能会攻击它们，不过它们最害怕的，还是我们人类。

视觉和听觉比较发达，能有效地确定猎物位置。

猞猁

体长：76～106厘米	分类：食肉目猫科
食性：肉食性	特征：耳朵尖端有长毛，四肢比较长

爪子比较宽大。

34

耳毛有什么用

　　猞猁的耳朵宽厚，耳尖处耸立着长长的黑色丛毛，其中还夹杂着白毛，这一簇毛有 4 ～ 5 厘米长，像两根天线一样直直地向上伸长，很有气势。猞猁的耳毛让它们的听力变得更加灵敏，因为耳毛有寻找声源、接收音波的作用，如果失去了耳毛，它们的听力就会受到严重的影响。

猞猁的耳朵上有两簇毛发，与狞猫有些相似。

毛皮呈银褐色，适合在森林和雪地中隐藏身形。

犀牛

强壮的尖角斗士

传说犀牛的角上有一个孔能直通心脏，感应灵敏，因此就有了"心有灵犀"这个典故。犀牛是世界上最大的奇蹄目动物，身躯粗壮，腿比较短，眼睛很小，鼻子上方有角，长相丑陋。犀牛生活在草地、灌木丛或者沼泽地中，主要以草为食，偶尔也吃水果和树叶。犀牛通常喜欢单独居住，一头雄犀牛会占有 10 平方千米的领地，雌犀牛和小犀牛不得不穿越好几块被雄性犀牛占领的土地去寻找食物和水源。犀牛虽然皮糙肉厚，但是腰、肩褶皱处的皮肤比较细嫩，容易遭到蚊虫叮咬。它们身体上常常会有寄生虫，所以在水里打滚对犀牛来说是每天必不可少的娱乐项目，在水里打滚不仅可以赶走讨厌的蚊虫，还能让身体保持凉爽。

粗糙的皮肤能防止蚊虫的叮咬，有的时候犀牛也会在身上滚一层泥巴来阻挡蚊虫。

大块头跑得很快

犀牛的躯体庞大，四肢粗壮笨重，还长着一个大脑袋，全身的皮肤像铠甲一样厚重结实。犀牛是除了大象以外陆地上的第二大陆生生物，尽管它们如此庞大笨重，仍然能跑得非常快，非洲黑犀牛可以以每小时 45 千米的速度短距离奔跑。

黑犀牛

体长：300 ～ 375 厘米	分类：奇蹄目犀科
食性：植食性	特征：头上有两只尖角，嘴巴较尖

为什么牛椋鸟对犀牛不离不弃

牛椋鸟是犀牛一生的挚友，它们经常相伴而行。因为犀牛身上会生有许多寄生虫，而这些寄生虫恰好是牛椋鸟的食物，所以牛椋鸟跟着犀牛就永远有享用不尽的美餐。而对于犀牛来说，牛椋鸟的回报就是可以帮助它清除寄生虫，还可以在发生危险的时候向它报警，让视力不好的犀牛尽早发现敌人，并逃脱危险。

带来杀身之祸的犀角

一些盗猎者认为犀牛角可以获得较高的经济利益，他们不择手段，这让原本就非常稀有的犀牛面临灭绝的危机。其实犀牛角和我们人类的指甲成分差不多，我们国家禁止任何犀牛制品交易。保护动物，保护犀牛，从我们做起吧！

扫一扫

扫一扫画面，小动物就可以出现啦！

黑犀牛的嘴巴呈尖状，白犀牛的嘴巴则是宽的。

脚上有三个短粗的脚趾，趾甲宽而钝。

瞪羚

大眼睛的长跑健将

　　它们是羊吗？它们为什么叫瞪羚？那是因为它们那两只又圆又大的眼睛向外突出，看起来就像在瞪着眼睛，因此取名为瞪羚。瞪羚身披棕色皮毛，下腹为白色，身体两侧各有一条黑线，头上有一对角。瞪羚的身材娇小，体态优美，像是个体操运动员。瞪羚擅长奔跑和跳跃，纵身一跃就能跳出数米远。瞪羚是牛科草食动物，以鲜嫩、易消化的植物根茎为食。它们通常群居生活，是草原肉食动物们最渴望的美餐。在危险临近时，它们会将四条腿直直向下伸，腾空一跃，来警告同伴有危险。

生死赛跑中的急速转弯

　　瞪羚遇到危险时会急速奔跑，在事关生死的追逐中，它们的速度可达每小时 90 千米，但是仍然比不上自己的天敌猎豹。为了能够生存下去，瞪羚在遇到猎豹追杀的时候会使出自己的看家本领——急转弯，几次急转弯过后，就算猎豹的速度再快，也只能眼看着瞪羚从自己眼前扬长而去。

马拉松健将是怎样练成的

瞪羚个个都是赛跑健将。面对强大的肉食动物天敌，它们唯一的办法就是逃跑。瞪羚出生后几分钟就能够站立行走，但是为了安全它们会隐藏在草丛中，几周以后才会跟着母亲四处活动。为了生存，它们需要不断奔跑，这也练就了它们超强的耐力。在非洲草原上，瞪羚的速度和耐力是它们保命的根本。

 ## 瞪着大眼睛的小羚羊

在草原上，瞪羚依靠它敏锐的视力警戒着周围的环境，即使是成群觅食的时候，群体里也总会有负责放哨的瞪羚在警戒着四周。

扭曲的羚角十分尖锐，在繁殖季节甚至会有瞪羚在打斗中被羚角戳刺而丧生。

瞪羚的眼睛向外突出，看上去像是瞪着眼睛。

扫一扫

扫一扫画面，小动物就可以出现啦！

汤普森瞪羚侧腹部的黑线是它们的特征之一。

纤细的腿十分擅长跳跃。

汤普森瞪羚

体长：80～120 厘米	分类：偶蹄目牛科
食性：植食性	特征：毛色为棕色和白色，侧腹部有一条黑线

角马

大迁徙的主力军

角马就是长角的马吗？事实并不是这样的。角马是生活在非洲大草原上的大型牛科动物，它们外形像牛，身体的外貌又介于山羊和羚羊之间，因此也被叫作"牛羚"。角马的头上长有从头顶向两侧弯曲的一对尖角，表面非常光滑，角马就是因此而得名，雄性的角比雌性的更大更长。角马喜欢群居，一般 10～20 头组成一个大家庭。在迁徙时，会有好几十万头角马自然而然地聚集在一起，组成一支庞大的迁徙大军。迁徙的队伍中纪律严明，由健壮的公角马领头和殿后，母角马和角马宝宝走在队伍中间。对于人类来说角马群是没有什么危险性的，它们不会主动攻击人，但是落单的角马由于与群体走散，还是会非常暴躁的。

斑纹角马

体长：150～240 厘米	分类：偶蹄目牛科
食性：植食性	特征：头上有角，颈部有黑色鬃毛，身上长有斑纹

浩浩荡荡的"旅游团"

非洲大草原上的动物每年都在不断地迁徙，角马就是这支浩浩荡荡的迁徙大军当中的主力。角马必须每天大量饮水，这就意味着它们生活的区域必须有充沛的水源，因此它们会追着云彩奔跑。为了追逐湿润的环境，它们不得不穿越各种艰难险阻，每年长途跋涉 3000 多千米，来获取充足的食物和饮用水。

角马也挑食

　　角马可以忍受非洲地区贫瘠的环境，但是不能忍受没有优质的食物。它们很挑食，主要把新鲜的嫩草、树叶和花蕾等当作自己的食物。角马会成群结队地寻找新鲜的草料，到了旱季，它们会沿着河边寻找食物，为了吃到新鲜的嫩草不得不经常搬家。

非洲草原的四不像

　　角马头上有角，长相像牛像马又像羊。角马的头粗大，肩部很宽，很像水牛；身体后部比较细，更像马；颈部有黑色鬃毛，远远看去很像羊的胡须。身上的毛色还会根据季节的不同而有所变化，可以说它们就是非洲草原上的"四不像"。

头上的角呈弯曲状，
雄性的角要比雌性的大。

角马长着暗褐色的毛皮，
身上还有一些斑纹。

斑马

满身条纹的马

斑马到底是白底黑条纹，还是黑底白条纹？其实斑马的皮肤是黑色的，所以它们是黑底白条纹。也正是因为它们身上这黑白相间的条纹，它们才被人类取了斑马这样一个名字。这种动物是由 400 万年前的原马进化而来的，曾经的斑马条纹并不清晰分明，经过不断的进化和淘汰才有了现在的条纹。斑马生活在干燥、草木较多的草原和沙漠地带，是草食动物，具有强大的消化系统，树枝、树叶和树皮都能成为它们的食物。斑马群居生活，一般 10 匹左右为一群，群体由雄性斑马率领，成员多为雌斑马和斑马幼崽。它们相处得非常融洽，一起觅食，一起玩耍，很少会有斑马被赶出斑马群的事情发生。

每一匹斑马身上的条纹都是独一无二的。

斑马

体长：217～246 厘米	分类：奇蹄目马科
食性：植食性	特征：身上有黑白相间的条纹

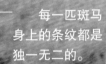

 ## 斑马的条纹有什么用

黑白的条纹是斑马们适应环境的保护色，它们的条纹黑白相间、清晰分明，在阳光的照射下很容易与周围的景物融合，模糊界限，起到自我保护的作用。草原上有种昆虫叫采采蝇，经常叮咬马和羚羊一类动物，斑马身上的条纹可以迷惑采采蝇的视线，防止被它们叮咬；也可以迷惑天敌的视线，从而逃脱追捕。

独一无二的条形码

每一匹斑马身上的条纹都是独一无二、不可复制的。小斑马在妈妈肚子里孕育的时候，会遇到各种各样的情况，甚至每个器官发育的情况都会有所不同，因此它们就带着各自独有的标志降生，就像商品的条形码一样。

想要驯服斑马，那真的是太难了

在欧洲殖民非洲的时代，殖民者们曾经尝试用更加适应非洲气候的斑马来代替原本的马。但是斑马的行为难以预测，非常容易受到惊吓，所以驯服斑马的尝试大多都失败了。能够被人类成功驯服的斑马非常少。

在不迁徙的时候，斑马通常组成一个小群体生活，迁徙的时候就会汇聚成庞大的群体。

斑马很少躺下休息，它们睡觉的时候也是站着的。

平原斑马的条纹一直延伸到腹部下方，其他斑马则不是。

长颈鹿

陆地上最长的脖子

长颈鹿生活在非洲稀树草原地带。世界上最高的长颈鹿站立时身高可达 5.8 米，就快要比二层楼高了！长颈鹿的头顶有一对带茸毛的短角，毛色浅棕带有花纹，四肢细长，尾巴短小。它们性情温和，胆子小，是一种大型的草食动物，以树叶和小树枝为食。我们看到长颈鹿总是昂首挺胸，迈着优雅的步伐，优哉游哉地生活着，可是它们的心脏却比较弱。为了将血液从心脏输送到两米多高的头部，它们拥有着极高的血压，收缩压要比人类的 3 倍还高。为了不让血压涨破血管，长颈鹿的血管壁必须要有足够的弹性，周围还分布着许多毛细血管。

长颈鹿一天要睡多久

长颈鹿睡觉的时间很少，一天只睡几十分钟到两个小时左右。由于脖子太长，它们常常把脖子靠在树枝上站着睡觉。长颈鹿有时也需要躺下休息，但是躺下睡觉对它们来说是件十分危险的事情，因为从睡卧的姿势站起来需要花费 1 分钟的时间，这 1 分钟就可能让长颈鹿来不及从肉食动物的口中逃脱。

长颈鹿从何而来

长颈鹿是由中新世初期的鹿科动物进化而来的。早期的古鹿脖子有长有短，生活在稀树草原地带，那里的树木多为伞形，树叶都在中上层，矮处的树叶很快就被吃光了，而高处的树叶只有长脖子的鹿可以吃到，脖子短的鹿由于饥饿和不能及时发现天敌而慢慢被淘汰，久而久之，长脖子的鹿就活了下来，逐渐演变成了今天的长颈鹿。

头上有两个小小的茸角。

长颈鹿很喜欢吃金合欢树的叶子。

扫一扫

扫一扫画面，小动物就可以出现啦！

长长的脖子不仅能让它们吃到高处的嫩叶，还是同类间争斗的工具。

细长的腿非常有力量，甚至能一脚踢死前来偷袭的狮子。

长颈鹿

身高：600～800 厘米	分类：偶蹄目长颈鹿科
食性：植食性	特征：脖子和腿非常长，身上有斑块状花纹

浣熊

看似可爱的捣蛋鬼

这只戴着黑眼罩的家伙可以说是家喻户晓的动物了。戴着黑色眼罩，拖个带有环状斑纹的尾巴，这已经成为浣熊的经典形象。再加上浣熊体形较小，行动灵活，还长着圆圆的耳朵和尖尖的嘴巴，真是天生的一副可爱相。浣熊喜欢住在靠近河流、湖泊的森林地区，它们会在树上建造巢穴，也会住在土拨鼠遗留的洞穴中。浣熊是夜行动物，白天在树上或者洞里休息，到了晚上才出来活动。因为总是潜入人类的房屋偷窃食物，浣熊在加拿大也被称为"神秘小偷"。浣熊是不需要冬眠的，但是住在北方的浣熊，到了冬天会躲进树洞中。每年的 1 ～ 2 月是浣熊的交配季节，它们的寿命不长，通常只有几年。已知野生环境中寿命最长的一只浣熊活了 12 年。

不要做像浣熊一样的破坏王

浣熊其实并没有看上去那么温顺、可爱，它们的破坏力极大。浣熊不仅会在木质的家具和墙壁上打洞，还会去垃圾桶里寻找食物，翻倒垃圾桶，把垃圾扔得到处都是。有时还会挖开院子里的草坪，咬伤猫狗和路过的行人。由于私自猎杀野生动物是非法行为，在北美洲，人们甚至成立了专门对付浣熊的公司来处理不断跑进房子里的浣熊。

浣熊

体长：40 ～ 70 厘米	分类：食肉目浣熊科
食性：杂食性	特征：眼睛上有一个面罩状的斑纹

浣熊真的清洗食物吗

浣熊的视觉并不发达，因此需要用触觉来辨别物体。但是前爪上有一层角质层，有时候需要浸在水里使其软化来提高灵敏度，所以看起来就像是把食物或者其他物品清洗干净浣熊吃食物前要洗一下。

整体毛色呈灰色。

尾巴上有环状斑纹。

脸上这个面罩状的斑纹是浣熊最显著的特征。

前脚比较灵活，能抓住比较小的猎物。

草原犬鼠

可爱的打洞高手

草原犬鼠是何方神圣？原来它就是我们常常提起的土拨鼠。草原犬鼠是栖息在北美洲草原上的小型穴栖性啮齿目动物。它们个头小巧，擅长跑跳，打洞是它们的拿手技能。当受到威胁时，它们会大叫作为警报，并且迅速逃进洞里。小家伙的奔跑速度达每小时 55 千米。虽说毛茸茸的样子确实非常可爱，但单靠可爱的外表可不能保护它们在危机四伏的大草原上生存。草原犬鼠们可有着一系列保护自己、适应环境的方法。

黑尾草原犬鼠

体长：28 ～ 35 厘米	分类：啮齿目松鼠科
食性：植食性	特征：体态圆胖，尾巴为黑色

草原犬鼠是如何沟通的

　　草原犬鼠具有敏锐的听力和视力，在语言方面也极具天赋。当看见不同的天敌时，它们会发出不同的声音作为区别，包括人类、鹰、狼与鬣狗，所以听到报警声的草原犬鼠会采取正确的逃窜方式。除此之外，草原犬鼠还能区别不同的人，甚至能在时隔两个月后，再见到同一个人时发出相同的叫声，这一特点令生物学家们感到惊奇。

草原犬鼠通常不会冬眠，不过当温度过高或者过低的时候就会减少活动。

在洞口附近活动的时候，总会有一些草原犬鼠用蹲坐的姿态为群体"站岗放哨"。

草原犬鼠在活动的时候通常不会离洞口太远，一旦发现风吹草动就会迅速逃进洞里。

红大袋鼠

体长：约 140 厘米	分类：双门齿目袋鼠科
食性：植食性	特征：尾巴粗壮，腹部有一个育儿袋

袋鼠

澳洲大陆的动物代表

　　袋鼠的踪迹遍及整个澳洲大陆，而其中最大也最广为人知的动物，就是红大袋鼠。雄性红大袋鼠皮毛为具有标志性的红褐色，下身为浅黄色；雌性上身为蓝灰色，下身呈淡灰色。它们喜欢在草原、灌木丛、沙漠和稀树草原地区蹦蹦跳跳地寻找自己喜欢吃的草和其他植被。红大袋鼠能够广泛分布于澳大利亚这片土地上，自然有其独特的本领。它们能够在植物枯萎的季节找到足够的食物，能够在缺水的旱季正常生存。在炎热的天气里，它们可以采取多种方式来保持体温在 36℃，以让体内各功能保持正常状态。

像后腿一样粗壮的尾巴

红大袋鼠的前肢细小，后腿比前肢粗壮许多，强健有力的后腿非常适合跳跃，它们一次可以跳 3 米高，8 米远，它们跳跃着前行的速度可达 50 千米 / 时。大红袋鼠的尾巴和腿一样粗壮，在休息的时候就撑在地上，让腿和尾巴组成一个三脚架，这样一来袋鼠就算不用躺在地上也能很好地休息了。

强壮的后腿让袋鼠能一下跳出去数米之远。

 ## 神奇的育儿袋

袋鼠是一种有袋类哺乳动物，它们的大部分发育过程是在母亲的育儿袋里完成的。小袋鼠出生时只有花生米大小，尾巴和后腿柔软细小，只有前腿发育较好，身体大部分没有发育完全，所以需要回到妈妈的育儿袋中继续发育。刚开始袋鼠妈妈会在自己的皮毛上舔出一条路，小袋鼠就会顺着这条路爬到妈妈的育儿袋中，接受妈妈母乳的滋养。几个月后小袋鼠就长大了，当它长到育儿袋装不下的时候，小袋鼠就要开始自己找食物了。

袋鼠的耳朵尖而长。

嘴部呈方形。

即使小袋鼠已经长到一定的体形，它们还是会赖在妈妈的育儿袋里不肯离开。

扫一扫

扫一扫画面，小动物就可以出现啦！

在休息的时候，袋鼠会用尾巴来支撑身体。

51

水豚

最大的啮齿动物

世界上最大的啮齿类动物生活在南美洲的热带雨林和草原里，它们长着一副呆呆的面孔，除了吃东西之外最喜欢的事就是懒洋洋地晒太阳，它们就是水豚。你能相信胖嘟嘟的水豚能长到 50 千克吗？水豚是温顺的草食动物，生来不爱打闹，喜欢安静，遇到危险时会迅速跳进水中逃跑。它们吃水生植物、芦苇、树皮等，有时也爬上陆地偷吃蔬果、稻米、甘蔗等。水豚每年生一胎，大约会产下 1 ~ 8 个宝宝，水豚宝宝的成长非常艰难，初生的水豚宝宝只有小部分能够活过一年。野生水豚的寿命一般在 10 岁左右。

身体看上去很笨重，不过在水里非常灵活。

啮齿类动物中的老大

水豚是最大的啮齿动物，体长100 ~ 130厘米，重35 ~ 66千克，头大、尾短，耳朵圆，眼睛小，鼻嘴部膨大，像一只巨大的豚鼠，非常可爱。它们有着高超的游泳技术，奔跑速度也很快，跑起来甚至和马的速度差不多呢。

性格好，朋友多

　　水豚是植食性动物，性情温和，群居生活。水豚通常由雄性首领带着雌性和幼崽以及低级雄性共同生活。它们的生活非常安逸，对于其他非天敌类的物种戒心较低，谁都可以和它们做好朋友，小鸟、猴子和其他小动物经常会骑在它们身上玩耍，它们也从来都不会拒绝。

眼睛总是眯着，看上去长着一副非常好脾气的面孔。

趾间有蹼，适合游泳。

水豚喜欢吃水生植物，它们的门牙非常锋利。

水豚是如何游泳的

　　水豚的外表看起来像一只超大的豚鼠，它们趾间有小蹼，可以让它们在水中自如地游泳。水豚身体肥肥胖胖的，有厚实的脂肪层，让它们可以不费力地在水中浮起来。水豚在游泳时会把鼻孔、耳朵、眼睛露出水面，方便它们观察周围的情况。水豚还喜欢集体泡在水里，看见它们在水中慵懒的样子，真的非常可爱。

水豚

体长：100～130厘米	分类：啮齿目豚鼠科
食性：植食性	特征：身体看上去很笨重，与豚鼠很像

鬣狗

强大的咬合力

鬣狗是狗吗？它们虽然和狗长得很像，但却不是狗。你知道吗？它们竟然是猫科动物的近亲！鬣狗生活在气候干燥的稀树草原上，主要分布在非洲以及中东地区，阿拉伯半岛到印度北部。它们有着健壮的身躯和强大的咬合力，可以毫不费力地咬碎坚硬的骨头。鬣狗有着敏锐的视觉，但是嗅觉和听觉比较差。它们常在夜间捕食，对于它们来说，这样成功的概率更大。鬣狗可以凭借飞快的奔跑速度抓住野兔、狐狸和啮齿动物。它们有自己的领地，并且会在自己领地的草秆上留下气味，以此警告周围的入侵者。

母系社会有多强大

鬣狗过着母系社会的群居生活。雌性鬣狗要比雄性鬣狗体形更大、更强壮，因此它们有更高的地位和权力。每个族群的首领都是体格强壮的雌性鬣狗，它们支配着整个族群。在鬣狗群中，即使是最下层的雌性鬣狗，地位也要高于最上层的雄性鬣狗。

什么是骨骼粉碎机

鬣狗的食谱非常广泛，不管是水牛还是瞪羚，也不管是新鲜的肉还是腐肉，只要是能当作食物的它们都不放过，这也意味着它们是个强大的猎手。鬣狗可以杀死像驴一样大小的猎物，它们的下颌就像粉碎机一样强大有力，能轻松地将猎物的骨头咬碎吞下去，就连乌龟的硬壳也不在话下。

鬣狗长着一张"反派"的面孔。

在颈部和背部有鬣毛。

鬣狗的身上有许多斑点。

它们的咬合力非常强。

鬣狗的前腿长于后腿。

鬣狗

体长：130 ～ 185 厘米	分类：食肉目鬣狗科
食性：肉食性	特征：咬合力超强，身上有黑色斑点

第二章
森林动物

野猪

山林霸主

　　家猪肥头大耳的形象，总让人觉得懒懒的，那野猪是什么样子呢？其实野猪是家猪的祖先，它们身体健壮，长着四只小短腿，还有一对直立的小耳朵，背脊上有长而坚硬的鬃毛，全身呈棕褐色，嘴巴里还有两对锋利的獠牙。

　　中国是世界上最早将野猪驯化为家猪的国家。经过上千年的驯化，野猪与家猪已经有了很大的不同：野猪生长非常缓慢，而家猪很快就会长大；野猪很凶猛，有很强的杀伤力，家猪却相对温顺得多。

　　野猪的适应性极强，能够生活在荒漠、山地等各种环境中，并且在没有天敌的情况下大量繁殖，为周围的民众带来严重的危害。据统计，在 2008 年一年里，美国就有 400 万只野猪搞过破坏，它们造成的财产损失高达 8 亿美元。

野猪

体长：150～200 厘米	分类：偶蹄目猪科
食性：杂食性	特征：背脊上长有鬃毛，嘴巴里有獠牙

用一口獠牙吓唬你

　　在野猪中，公猪的獠牙非常发达，它们的獠牙会不断地生长；平时獠牙会作为挖掘食物的工具，不过当受到攻击的时候，公猪也会用獠牙来疯狂地攻击敌人。母猪的獠牙比较短，不会伸出嘴巴外面，它们会用撕咬对方的方式来保护自己。

澳大利亚的家猪"变异"了

在18世纪时，一些欧洲的移民将家猪带入澳大利亚，并把它们放回了山林。由于没有天敌，家猪渐渐适应了大自然的环境，越长越大，还长出了鬃毛，最后变成了野猪。这些野猪作为外来物种给澳大利亚本土的自然环境造成了极大的影响，当地政府正在寻求控制野猪数量的方法。

野猪的背脊上长有厚厚的鬃毛。

健壮的身体让野猪有力气逃离天敌或与天敌战斗。

野猪的獠牙是它们挖掘食物的工具，也是武器。

野猪的鼻子很灵敏，能嗅到土壤中的食物。

老虎

百兽之王

不是谁都能当丛林中的百兽之王！只要提到"百兽之王"，我们第一个就会想到威风凛凛的老虎，这个宝座确实非老虎莫属。为什么只有老虎才称得上是百兽之王呢？因为老虎体态雄伟，强壮高大，是一种顶级掠食者，其中东北虎是世界上体形最大的猫科动物。老虎的皮毛大多数呈黄色，带有黑色或白色的花纹，脑袋圆圆的，尾巴又粗又长，生活在丛林之中，从南方的雨林到北方的针叶林中都有分布。老虎曾经广泛分布在亚洲的各个地区，不过由于栖息地的缩小和人类的猎杀，现在老虎的数量已经变得非常稀少，据世界自然基金会估计，现在全球仅剩余 3000 ～ 4000 只老虎，而在 20 世纪初，曾经有 10 万只老虎生活在地球上。

老虎会爬树吗

在传说中，老虎拜猫为师学习本领，不过在学成之后却想要把猫吃掉。好在猫没有把爬树的方法教给老虎，所以爬到树上躲过了老虎的暗算，老虎也因此没有学会爬树的本事。现实生活中老虎真的不会爬树吗？当然不是的。和大部分猫科动物一样，利用发达的肌肉和钩状的爪子，老虎也能爬到树上去寻找鸟蛋或者其他藏在树上的猎物。不过因为老虎实在是太重了，为了避免损伤自己的爪子很少爬树，因此就给人们留下了一个"不会爬树"的印象。

身上黑黄相间的
皮毛是老虎隐藏在丛
林之中的保护色。

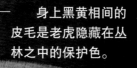

老虎中的"白马王子"

　　老虎的皮毛大多数是黄色并且带有
黑色花纹，不过人们偶尔也会发现全身
披着白色皮毛的老虎，这就是白虎。白
虎是普通老虎的一种变种，是体色产生
突变的结果。1951年，人们在印度发现
并捕获了一只野生的白色孟加拉虎，它
是第一只被捕获的白虎，现在世界各地
的白虎几乎都是它的子孙。

锋利的牙齿和有力
的下颌会紧紧咬住猎物
的喉咙，直到猎物窒息
身亡后才松开。

脚掌上长
着锋利的爪子。

强壮的四肢让老
虎能快速接近猎物，
在电光石火之间将猎
物制服。

老虎	
体长：最长可达340厘米	分类：食肉目猫科
食性：肉食性	特征：皮毛上有黑色或白色的斑纹

大熊猫

可爱的国宝

　　胖胖的身子，圆圆的耳朵，大大的黑眼圈，没错，这就是我们可爱的国宝大熊猫。提起大熊猫，我们都会想到它们圆滚滚的身形和憨态可掬的样子。大熊猫对生存环境可是很挑剔的，只生活在我国的四川、陕西和甘肃等省的山区，它们可是我们的重点保护对象，是我们中国的国宝呢！大熊猫的毛色呈黑白色，颜色分布很有规律，白色的身体，黑色的耳朵，黑色的四肢，还有一对大大的黑眼圈，非常有趣。它们走路时迈着"内八字"，壮硕的身体随之左右摆动，可爱极了。

大熊猫也会改善生活

　　大熊猫的祖先以肉食为主，在不断的进化和迁徙中，大熊猫越来越适应亚热带的竹林生活，体重逐渐增加，食性也慢慢地从吃肉转变为以吃竹子为主。它们的牙齿进化出了适合咀嚼竹子的臼齿，爪子除了五指之外还长出了适于抓握的拇指，可以更好地握住竹子。虽然我们都知道大熊猫喜欢吃竹子，但是它们偶尔也会捕捉竹鼠之类的小动物来"开个荤"。

大熊猫

体长：120 ～ 180 厘米	分类：食肉目熊科熊猫亚科
食性：杂食性	特征：黑白的毛色，有两个黑眼圈

脸上的"黑眼圈"是大熊猫最显著的特征。

大熊猫圆圆胖胖的体态为它们赢得了世界人民的喜爱。

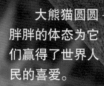

让全世界疯狂的"胖子"

　　因为大熊猫非常可爱，到哪里都是备受欢迎的明星，所以在很多国家的动物园中也设有熊猫馆。从 1950 年开始，我国政府曾经将可爱的大熊猫作为国礼赠送给与我们有着良好外交关系的国家，先后有多个国家接受过中国赠送的大熊猫，这就是著名的"熊猫外交"。可爱的"胖子"大熊猫深受世界人民的喜爱，在国外，为了一睹大熊猫的真容，游客们甚至会排上好几个小时的队呢。

虽然笨重，但是大熊猫却很擅长爬树。

美洲狮

孤独的猎手

同样是猫科动物，美洲狮却与其他狮子和老虎不大一样。美洲狮又叫作"美洲金猫"，是体形最大的猫亚科动物，也是美洲体形第二大的猫科动物。美洲狮喜欢在隐蔽、安宁的环境中生活，它们独来独往，不喜欢群居，只有在发情期才会与它的伴侣在一起。不过即使是在繁殖季节，大概两个星期之后美洲狮夫妇也会分道扬镳，重新开始各自独立的生活。

 ## 速度与高度兼备

美洲狮在跳跃方面有惊人的天赋，轻轻一跃，就能够跳出六七米远，也就是说，距离它 20 米左右的猎物，只要它跳跃两次就可以轻松捕获。而美洲狮的跳高纪录甚至可达 5.4 米！同时，美洲狮还擅于奔跑，最快速度可达每小时 60 千米，相当于一辆正常行驶的小轿车的速度。

美洲狮是怎样繁殖的

美洲狮的繁殖季节不是固定的，但是通常是在春末夏初的时候。怀宝宝的美洲狮会选择一个山洞或者隐蔽的地方居住，经过 3 个月的孕育产下幼崽。美洲狮妈妈会把刚出生的幼崽舔干净，并且悉心照顾直到它们长大。

美洲狮是如何捕猎的

这么优秀的身体素质使美洲狮成为一种相当成功的肉食动物。美洲狮擅长跟踪猎物并埋伏攻击，它们总是看准时机，一招制敌。鼠、野兔和鹿、马、羊等有蹄类动物都是它们的最爱，不过美洲狮偶尔也会以家禽和家畜为食，有的时候连最难对付的豪猪、臭鼬也不放过。收获颇丰时，美洲狮会把美味藏到树上，等到下次饥饿的时候再享用。

它们的体重和体形与花豹相近，不过美洲狮在分类上更接近猫而不是豹子。

它们非常擅于攀爬，能把吃不完的猎物藏到树上。

成年的美洲狮身上没有花纹。

爪子上的毛发和肉垫让美洲狮在追踪猎物的时候不会发出声音。

美洲狮

体长：130～200 厘米	分类：食肉目猫科
食性：肉食性	特征：棕黄色的皮毛，四肢很长

狗獾

树林里的夜行侠

狗獾	
体长：50～70 厘米	分类：食肉目鼬科
食性：杂食性	特征：脸上有三条条纹

夜间行走在茂密的树林里，你永远也不会知道下一秒会遇到什么，或许你会遇到正在黑夜里穿梭的狗獾。狗獾是黑夜中的独行侠，也被称为"欧亚獾"，是一种哺乳动物，在欧洲和亚洲的大部分地区都有分布。狗獾是夜行动物，夜晚时出来活动觅食，白天就在土丘或者大树下的洞穴中休息。除此之外，狗獾还有冬眠的习性，在秋季，狗獾会吃很多东西，囤积大量的脂肪以备冬眠，寒冷的冬天过去之后，它们会在第二年的 3 月份出洞，开始新一年的生活。

白天通常在自己挖掘出的洞穴里度过。

锋利的爪子擅于挖土，以便寻找土里的昆虫等小动物。

狗獾吃些什么

    依靠灵敏的嗅觉,狗獾能够准确地判断出食物的位置,并利用爪子挖掘食用植物的根茎。它们也会吃一些地下的昆虫幼虫和蚯蚓,还有水塘边的青蛙和小螃蟹。狗獾偶尔还会捕捉老鼠,甚至连腐烂的动物尸体也不放过。

脸上三条条纹是狗獾的特征。

尾巴比较短。

锋利的牙齿曾经有过咬断铁锹的记录。

袋獾

塔斯马尼亚恶魔

澳大利亚不愧被称作是"有袋类动物之国"，在那里生活着 170 种有袋类哺乳动物，袋獾就是其中之一，也是袋獾属中唯一一种没有灭绝的成员。袋獾看上去其貌不扬，身上披着黑色的皮毛，个头像一只小狗那样大，不过它们的名气可是非常响亮，在澳大利亚，它们被人们称作"塔斯马尼亚恶魔"！这是因为人们觉得袋獾的叫声很可怕，听起来像是一头被激怒的驴的叫声，而且声音非常大，听上去像是比袋獾身形大 10 倍的动物发出来的声音。袋獾不太擅长捕猎，所以大多时候吃的都是腐肉，这也在人们的眼中坐实了它们"恶魔"的称号。

袋獾	
体长：52 ～ 80 厘米	分类：袋鼬目袋鼬科
食性：肉食性	特征：身材较小，性情凶猛，嘴巴非常大

强大的咬合力

表面上看起来袋獾像是一只可爱的小熊，但是千万不要被它们可爱的外表给骗了，袋獾的牙齿足可以一口咬碎骨头。根据一项关于哺乳类动物噬咬能力的分析我们得出结论，相对于各自的体积而言，袋獾是现存咬合力最强的哺乳动物，这跟袋獾头的大小还有头部的肌肉结构有一定关系。

小机会主义者

　　袋獾是一种非常懒惰的动物，不喜欢自己捕猎获得食物，而是奉行机会主义，它们会吃掉一切能够找到的食物，腐肉也不在话下。除了普通的肉和内脏，袋獾也会把猎物的毛皮和骨头吃掉。当地的农场主对袋獾的这种习性非常欢迎，因为它们令那些能够伤害家畜的昆虫因为没有滋生的环境而在农场里消失。

身上披着
黑色的皮毛。

牙齿非常
锋利。

袋獾的下颌
咬合力非常强。

胸部有一条横着
的白色条纹。

辛勤的小园丁

刺猬对于人类来说是益兽，它们会捕食大量害虫，偶尔也会吃小蜥蜴和果子。它们在夜间外出捕食，一般情况下，一只刺猬能够在一个晚上的时间内吃掉 200 克的虫子。刺猬每天勤勤恳恳地为公园、花园清除害虫，就像一个小小的园丁。

刺猬

带刺的小园丁

如果你无意间发现一只浑身插满了"牙签"的大老鼠，那很有可能是遇见刺猬了！刺猬没有老鼠那样机灵，它们是一种生活在森林和灌木丛中的小型哺乳动物，身上长着很多尖刺，除了脸部、腹部和四肢以外都有坚硬的刺包裹着。刺猬长着短短的四肢和尖尖的嘴巴，还有一对小耳朵。聪明的刺猬会将有气味的植物咀嚼后吐到自己的刺上，以此来伪装自己。刺猬在睡觉的时候会打呼噜。

遇到敌人的时候，刺猬身上的尖刺能有效保护它的安全。

灵敏的嗅觉对于寻找食物来说十分重要。

 ## 这个刺球从何而来

刺猬身单力薄，行动缓慢，却有独特的自保本领。刺猬大部分身体都长满了坚硬的刺，当它们遇到危险的时候，头会马上向腹部弯曲，浑身竖起坚硬的刺包住头和四肢，变成一个坚硬的刺球，使敌人无从下口。

 ## 冬眠的刺猬

刺猬天生胆小，害怕受到惊吓，喜欢住在灌木丛中。每到冬季它们就会冬眠，从秋末开始一直睡到次年的春天，直到春暖花开才会醒来。在冬眠时它们的体温会下降到 6℃，新陈代谢处于非常缓慢的状态。刺猬喜欢躲在软软的落叶堆里睡大觉，偶尔也会醒来看看自己是否安全，然后继续睡。所以，在清理院子里的落叶堆时一定要小心，没准里面正有一只小小的刺猬在做着美梦呢。

柔软脆弱的肚皮
是刺猬的弱点。

刺猬

体长：25 厘米左右	分类：猬形目猬科
食性：杂食性	特征：身体大部分覆盖着尖刺

蝙蝠

夜空中的影子

　　蝙蝠是翼手目哺乳动物的统称，可以分为大蝙蝠亚目和小蝙蝠亚目两大类，前者体形较大，主要吃水果，狐蝠就是其中之一；后者体形较小，除了捕捉昆虫还会捉一些小动物，或者取食动物的血液。蝙蝠主要居住在山洞、树洞，古老建筑物的缝隙、天花板和岩石的缝隙中，它们成千上万只一起倒挂在岩石上，场面非常壮观。蝙蝠是需要冬眠的，冬眠时会躲进洞里，体温会降低到与周围环境一致，呼吸和心跳每分钟只有几次，血液流淌的速度也降低了，但是它们不会死死地睡去，冬眠期间偶尔也会吃东西，被惊醒后还能正常飞行。蝙蝠的主要天敌有蛇和一些猛禽以及猫科动物。

蝙蝠通常依靠后肢倒挂在树枝上或者岩洞里面休息。

蝙蝠是哺乳动物还是鸟

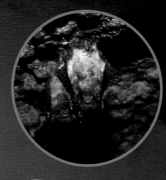

蝙蝠能像鸟那样展翼飞翔，但它们不是鸟而是哺乳动物。因为蝙蝠的体表无羽而有毛，口内有牙齿，体内有膈将体腔分为胸腔和腹腔，这些都是哺乳动物的基本特征。更重要的是，蝙蝠的生殖发育方式是胎生哺乳，而不像鸟类那样卵生，这一特征说明蝙蝠是名副其实的哺乳动物。

什么叫回声定位

蝙蝠能够生活在漆黑的山洞里，还经常在夜间飞行，是因为它们并不是靠眼睛来辨别方向的，而是靠耳朵和嘴巴。蝙蝠的喉咙能够发出很强的超声波，超声波遇到物体就会反射回来，反射回来的声波被蝙蝠用耳朵接收。根据接收到的声波，蝙蝠就能判断物体的距离和方向，这种方式叫作"回声定位"。

大耳朵可以更好地接收回声。

皮质的翼膜适合飞翔。

蝙蝠的眼睛小，视力比较差。

伏翼（一种常见的蝙蝠）	
体长：体长 3.5 ～ 4.5 厘米	分类：翼手目蝙蝠科
食性：肉食性	特征：个头比较小，翼展大约 19 ～ 25 厘米

狐蝠

世界上最大的蝙蝠

在动画片里，我们经常能见到蝙蝠，它们大多是傍晚时分在天空中飞来飞去的手掌大小的一种小动物，还带有一股神秘的气息。不过有一类蝙蝠要比我们平时能够见到的蝙蝠大得多，这就是狐蝠。狐蝠是蝙蝠中的"巨无霸"，体形比一般的蝙蝠大，两翼展开最大的长度可以达到一米以上。也有体形较小的狐蝠种类，但总体外形还是比普通的蝙蝠要大得多。那它为什么被叫作狐蝠呢？这是由于狐蝠的嘴部很长而且向外伸出，看上去就像长着一张狐狸的脸，所以被取了这样一个名字。

头部的外形类似狐狸，因此有了"狐蝠"这个名字。

 ## 狐蝠是吃素吗

提到大蝙蝠，人们对它的印象就是吸血、凶恶和恶魔的象征。实际上狐蝠并不是这样的。狐蝠是真真正正的素食主义者，它们最爱吃的是植物的果实，有的也吃花蜜。它们是夜行动物，所以常常在夜晚活动，清晨和黄昏是狐蝠觅食的高峰期，它们会飞到很远的地方去寻找食物。

狐蝠的翅膀非常大，一些种类的翼展可达 1 米以上。

爪子用来在休息时倒挂在树上。

中国收藏最大的狐蝠有多大

早在 20 世纪 70 年代，陕西西安的民众就提过：近日来，傍晚时分，总有一只巨大的怪兽飞来飞去，不是鹰也不是其他鸟，不清楚是什么动物，搞得大家人心惶惶。后经专家鉴定，这只动物被确认为印度狐蝠，它的重量是 0.5 千克左右，展翼为 103 厘米，是国内收藏的最大蝙蝠类之一。

澳洲眼镜狐蝠	
体长：22 ～ 24 厘米	分类：翼手目狐蝠科
食性：植食性	特征：身体呈黑褐色，头顶有盐的结晶

与其他蝙蝠不同，狐蝠的眼睛相对很大。

狐蝠是如何繁衍后代的

大型的狐蝠喜欢群居，而体形偏小的则喜欢独自生活。它们在一年当中的任何时候都可以繁殖，但交配的时机则主要集中在秋季。交配过后的雌性狐蝠大概会在翌年的二月份生产，每次可以生下一只或者两只狐蝠幼崽。

猕猴的犬齿很长，在打斗的时候会给对手造成严重的伤害。

灵活的四肢让它们在树枝间行动自如。

猕猴

聪明的猴子

一提到猴子，大家就会想到它们的红屁股，为什么猴子会有个红屁股呢？因为猴子的屁股是血管最集中的地方，而它们"坐"的动作使臀部的毛都退化掉了，所以红屁股就露了出来。猴子的红屁股的一个重要功能是雌性猴子发情的信号，有利于吸引雄性，提高交配成功率。猕猴是一种非常常见的猴子，它们在同属猴类中属于小巧玲珑型的，脸部削瘦，毛发稀少。猕猴善于攀援跳跃，行动敏捷，遇到危险可以快速消失得无影无踪。它们喜欢生活在海拔高、安静并且食物充足的地方，由猴王带领着猴群集体生活。它们爱吃的东西很多，如树叶、野菜、小鸟、昆虫、野果等食物。猕猴很聪明，在有人类的地方，它们会模仿人类的动作，非常有趣。

猕猴的尾巴相对较短。

猴子王国的篡位大战

在猴子王国里，也有位高权重的领导者。每个猴群都有一个猴王领导着整个猴群，优秀的、强壮的猴王可以一直占有王位。王位争夺是非常残酷的，是一场你死我活的厮杀，如果猴王在竞争中被打败，那么它将被逐出猴群，只能流浪在外自生自灭。

在脸颊内有用来储存食物的颊囊。

猕猴不应该被当作宠物

虽然偶尔会出现一些饲养小猴子作为宠物的报道，但是猕猴并不适合作为家庭宠物。它们属于国家二级保护动物，若是没有获得许可证，饲养猕猴可是违法行为。不仅如此，猕猴很聪明，生性顽皮，模仿力又很强，可能会做出玩打火机、开煤气等危险动作。此外，猕猴有着非常长的犬齿，野性很强，一旦发起脾气来很难控制，会对人类造成严重的伤害。最重要的是，猕猴是野生动物，它们属于大自然，而不应被关在笼子里。

猕猴	
体长：约 50 厘米	分类：灵长目猴科
食性：杂食性	特征：尾巴相对较短，脸上有颊囊

指猴

长手指的怪家伙

在马达加斯加岛上的热带雨林中，生活着一种外貌丑陋的动物。它们长着一身黑灰色的皮毛，看上去有点像松鼠，但是却属于灵长类动物。它们是一种小巧玲珑的猴子，名叫指猴。指猴是马达加斯加特产的一种原猴，同时也是世界上最大的夜行灵长类动物，身体的长度36～44厘米，大概相当于两只手的长度，体重也只有2.5千克左右，雌性的体重要比雄性的轻一点，但外表看起来没有太大的区别。指猴白天在巢穴里面睡觉，在黄昏时分才出来觅食，它们一般单独行动，偶尔也会群体外出。

指猴

体长：36～44厘米	分类：灵长目指猴科
食性：杂食性	特征：手指细长，尾巴酷似松鼠

聪明的指猴是这样捕食的

在寻找食物的时候，指猴先是用中指敲击树皮，判断有没有幼虫蛀出的空洞，然后再把耳朵贴在树干上，认真听里面是不是有幼虫的响声，如果有，它们会先在树皮上咬一个小洞，再用中指把小虫挖出来，开始享受美味。

耳朵很大，听觉非常灵敏。

指猴的中指细长，比其他手指都长。

指猴有一条毛茸茸的大尾巴。

指猴是怎样繁殖的

指猴的巢穴一般建在树的高处，它们的巢穴是用牙齿咬断的树枝和树叶交错搭建而成的。指猴没有固定的繁殖季节，大概两到三年才繁殖一次，而且每次只生产一只小指猴。

吼猴

雨林里的吼声

听！那是什么声音？在中美洲和南美洲的热带雨林里，有的时候能听到一种震耳欲聋的怒吼声。这种声音非常响亮，而且震慑力十足。发出这样吼声的动物并不是什么猛兽，而是一种身长不到 1 米的猴子，这就是吼猴。吼猴身体的长度在 40～70 厘米，虽然不是很大，但它们可是栖息于中南美洲雨林中体形最大的猴子。像南美洲的其他猴子一样，吼猴也有长长的卷尾。它们可以把强壮、灵活的尾巴作为手使用，以至于它们只用尾巴就能把自己悬挂起来。吼猴尾巴的尖端没有毛，而是一片光秃秃的皮肤，它们通过这块光秃秃的皮肤来感知和抓握实物，就像人类手掌的功能一样。

吼猴发达的下颌骨
用来保护发声器官。

吼猴名字的由来

　　顾名思义，吼猴非常善于吼叫。吼猴的叫声响亮如雷，在几千米以外都能听得清清楚楚。那是因为吼猴有一种特殊的舌骨，这种舌骨的样子像一个马蹄铁，特别大，能够形成一种回音装置，从而发出震撼四野的吼声。每当吼猴需要向同类发出各种不同含义的信号时，它就会让它那异常巨大的吼声不停息地响彻于森林树冠上。

吼猴的尾巴也能帮助它们抓握东西。

吼猴以叶子作为主要的食物。

吼猴生活在树上，大部分时间在树冠层活动。

红吼猴	
体长：40～70厘米	分类：灵长目蛛猴科
食性：植食性	特征：毛发发红，吼声极其响亮

皮毛真的可以变色吗

　　吼猴的脸部周围有毛，鼻子又粗又短。吼猴的身体非常强壮，身上披有浓密的、厚厚的黑、褐、红等颜色的长毛，因为它们的种类不同，所以颜色各异，而且它们身上的长毛能随着太阳光线的强弱和投射角度的不同，变幻出从金绿到紫红等各种色彩，望去十分美丽，真可谓是一只五彩斑斓的猴子。

环尾狐猴

毛茸茸的尾巴有妙用

眼睛比较大，
视力很好。

环尾狐猴只生活在非洲的马达加斯加岛上南部的干燥丛林中，它们是一种比较原始的灵长类动物。它们到底长什么样子呢？和浣熊是一种生物吗？环尾狐猴的名称来源于它们身后那一条带环状花纹的尾巴。它们和浣熊还是有点差别的！环尾狐猴的头比较小，嘴部向前突出，脸部看上去和狐狸很像，因此被称为狐猴。它们行动灵活，擅长攀爬、奔跑和跳跃，纵身一跃能够跃出几米远，它们还能像人一样直立行走。环尾狐猴喜欢成群结队地玩耍、觅食，喜欢在每天的清晨晒太阳，是唯一一种在白天活动的狐猴。

尾巴上的环状花纹是
环尾狐猴的特征。

环尾狐猴

体长：40～50厘米	分类：灵长目狐猴科
食性：杂食性	特征：尾巴上面有黑白相间的环纹

大尾巴只是用来看的吗

　　环尾狐猴的条纹旗一样的尾巴可不是只有展示和向同类发出信号的作用，尾巴上长着细软蓬松的长毛，可以起到保暖的作用，还可以在奔跑和跳跃的时候让身体保持平衡。它们会把尾巴举得高高的，作为一种沟通的方式。在发生打斗时，它们的臭腺会分泌出一种带有恶臭气味的液体，它们会把这种液体涂在尾巴上，然后不停地挥舞尾巴将气味扇向敌人，作为防御的武器。

臭味的秘密武器

　　环尾狐猴用来打斗的武器是位于前臂、腋下和肛门附近的臭腺。它们之间的打斗虽然比较和平，不过却显得非常不文明。因为狐猴们会把臭腺分泌出来的带有恶臭的液体涂在尾巴上，再挥舞尾巴把臭味扇向对手。这种看谁先被熏得受不了的打斗方式也确实称得上是与众不同了。

环尾狐猴非常喜欢晒太阳。

前臂上具有臭味腺。

它们细长的尾巴还能帮助散热。

蜘蛛猴

奇怪的"蜘蛛"

在亚马孙雨林中，高高的树冠区域总是有一些长着长腿的动物在树枝间悠来荡去。这些动物长着细长的肢体，就像是一只巨型蜘蛛吊在树枝上。难道世界上真的有这么大的蜘蛛吗？当然没有，这种酷似蜘蛛的动物其实是一种猴子——蜘蛛猴。因为蜘蛛猴的身体和四肢又细又长，经常在树上栖息，在活动时远远望去就像一只巨大的蜘蛛，因此被人们取了"蜘蛛猴"这样一个名字。现在已经知道的蜘蛛猴的种类有 7 种，而且这几种蜘蛛猴头部的毛发颜色也不尽相同，有灰色的，有红色的，有深褐色的，还有黑色的，不仅如此，它们头部的毛发的长短和浓密程度也不一样，这和人类的头发非常相似。

胆子小小的蜘蛛猴

蜘蛛猴生活在中南美洲的热带丛林里，生性胆小多疑但很聪明。它们白天三五成群地出来活动和觅食，晚上则集齐上百只在一起睡觉。蜘蛛猴的胆子比较小，当有危险来临时，能够像狗一样狂叫，并且向敌人不断地投掷树枝和粪便，试图赶走敌人。

黑掌蜘蛛猴

体长：39～63 厘米	分类：灵长目，蜘蛛猴科
食性：植食性	特征：尾巴异常灵活，四肢很长

蜘蛛猴的尾巴上有一块没有毛发的区域，这为尾巴增加了额外的摩擦力。

前肢和后肢都比较细长。

不同的蜘蛛猴身体的毛色也是不同的。

大猩猩

森林中的"人"

大猩猩,是灵长目中除了人和黑猩猩以外最大、最聪明的动物。它们大约十几只组成一个小型的群体,在一头背部为银色的雄性大猩猩的带领之下生活在非洲中部的雨林之中。大猩猩和人类基因的相似度高达98%,常常与红毛猩猩和黑猩猩并称为"人类的最直系亲属"。现如今,大部分大猩猩分布在非洲的中部,根据分布地区的不同,人们把现存的大猩猩划分为东部大猩猩和西部大猩猩两种。

捶打胸口是大猩猩展示武力和发泄情绪的一种方式。

西部大猩猩

体长:150 ～ 180 厘米	分类:灵长目人科
食性:植食性	特征:前肢长后肢短,非常强壮

大猩猩的繁殖

　　大猩猩是一种寿命很长的动物，生长和繁殖的周期非常漫长。在野外，雄性猩猩在 11～13 岁左右成年，雌性要在 10～12 岁左右成年，雌性猩猩的产崽间隔通常是 8 年。不管什么时候，只要有机会雄性猩猩就会试着与能够怀孕的雌性猩猩交配，但是能够怀孕的雌性猩猩则会选择当地处于统治地位的成年雄性猩猩，这有什么益处仍然是谜，可能它们是在为自己的后代选择优良的基因，也可能是为了得到有统治地位的雄性猩猩的保护。

作为首领的雄性大猩猩背部是银色的，所以也叫"银背大猩猩"。

它们的前肢要比后肢长。

大猩猩也能成为电影明星

　　大猩猩是一种最接近人类的灵长类动物，成年大猩猩的智商堪比 6 岁左右的儿童，而且它们还有着很强的学习能力。因此在很多科幻影视作品中我们都能看到大猩猩的身影，众所周知的有电影《金刚》《猩球崛起》《猩球大战》等。

大猩猩通常用前肢的指关节着地行走。

狒狒平时都干些什么

狒狒栖息于热带雨林、山地、半荒漠草原地带，主要在地面活动，偶尔也会爬到树上觅食，中午最热的时候喜欢在树荫下乘凉休息。狒狒还有一个特别的爱好，就是游泳，所以它们喜欢生活在水源充足的地方。总体来说，狒狒在自然界中的生活是非常惬意的。

狒狒身上有比较长的毛发。

狒狒
高智商的猴子

狒狒的智商是很高的。美国艾奥瓦大学的科学家发现，狒狒具有复杂抽象的推理能力，这种能力是人类智能的基础，或许有一天狒狒的智商可以超过人类。狒狒生活在非洲的沙漠边缘和热带丛林里，是一种社群生活最为严密、有明显的等级秩序和严明的纪律的灵长类动物。狒狒是猴科中体积比较大的一种，群居性很强，每群十几只至百余只，也有 200 ～ 300 只的大群。野生状态下的狒狒群体，每经过一段时间就会发生争战，争战的结果可能导致大群狒狒分群生活，也可能把原本的首领赶走，由新的狒狒首领取而代之。

善于交流产生的神奇作用

科学家们在研究狒狒生活的时候发现了一个现象，就是喜欢聚堆交流的雌狒狒养育的孩子比其他的狒狒幼崽生存率要高。狒狒善于交际的能力对它们的种族和基因有什么影响，至今还是一个谜。但有对狒狒的研究数据表明，狒狒之间的交流有助于降低心率、缓和紧张的情绪。当它们遇到危险时，同类之间也会发出求救信号，向同伴呼救，请求支援。

狒狒也面临着危机

　　狒狒的天敌主要是花豹、狮子等猛兽，但是对于狒狒来说，最主要的威胁并不是这两种凶猛的野兽，而是人类。农用地的拓展正在一点一点地向狒狒的栖息地蔓延，使得栖息地减少。不仅这样，狒狒挖掘农作物的根茎，也致使当地的农民非常厌恶它们，认为它们对人类的生产和生活造成了威胁，所以常常驱赶它们，甚至开枪射杀入侵农田的狒狒。现在，阿拉伯狒狒已被世界自然保护联盟列为保护现状近危的动物。

狒狒的獠牙很发达。

雄性狒狒有着浓密的鬃毛，而雌性狒狒则没有。

狒狒

体长：51～114 厘米	分类：灵长目猴科
食性：杂食性	特征：身上有棕色的毛发，脸部为红色

树懒

最懒的动物

《疯狂动物城》中的树懒给人们留下了深刻的印象，行动迟缓的它却偏偏取名叫闪电。树懒可以说是世界上最懒的动物了，这么懒的动物是怎么在这个世界上活下来的？树懒的爪呈钩状，前肢长于后肢，可以长时间吊在树上，甚至睡觉时也是这样倒吊在树上，可以说树就是它们的家。树懒主要以树叶、嫩芽和果实为食，是个严格的素食主义者。它们非常懒而且行动迟缓，爬得比乌龟还要慢，在树上只有每分钟4米的速度，在地面上是只有每分钟2米的速度。与它们缓慢的陆地行动能力不同，树懒在水中倒是一个游泳健将，在雨林的雨季，树懒经常通过游泳在泛滥的洪水中从一棵树转移到另一棵树。

树懒在睡觉的时候也是倒挂在树上的，前肢的结构使它们倒挂在树上毫不费力。

生命在于静止的树懒

树懒是一种非常懒惰的哺乳动物，平时就挂在树上，懒得动，懒得玩，什么事都懒得做，甚至连吃东西都没什么动力。如果一定要行动的话，树懒的动作也是相当缓慢的。树懒的动作慢，进食和消化也慢，它们需要很久才能把食物彻底消化，因此树懒的胃里面几乎塞满了食物。它们每5天才会爬到树下排泄一次，真是名副其实的懒家伙。

尽管树懒的周围都是食物，但它们的进食速度还是非常慢。

树懒的皮毛呈褐色和绿色，其中绿色是因为毛发上生长了藻类。

爪子非常长，比较锋利，适合爬树。

倒挂在树上的一生

　　我们看到的树懒都是倒挂在树上的，那是因为树懒已经进化成树栖生活的动物，丧失了地面生活的能力。树懒在平地走起路来摇摇晃晃，很难保持平衡。而且它们主要依靠两条前肢来拉动身体前进，速度非常缓慢。树懒的爪子很灵活，呈钩状，能够牢固地抓住树枝，并且把自己吊在树上，即使睡着了也没有关系。

树袋熊

喜欢睡觉的可爱毛球

　　树袋熊又叫"考拉"，是澳大利亚珍贵的原始树栖动物。虽然它们体态憨厚，长相酷似小熊，但它们并不是熊科动物，而是有袋类动物。树袋熊长着一身软绵绵的灰色短毛，鼻子乌黑光亮，呈扁平状，两只大耳朵上长着长毛，脸上永远挂着一副睡不醒的表情，非常惹人喜爱。树袋熊的四肢粗壮，利爪弯曲，非常适合攀爬。它们一天中做得最多的事就是趴在树上睡觉，每天能睡 17～20 个小时，醒来以后的大部分时间用来吃东西，生活非常悠闲。树袋熊性情温顺，行动迟缓，过着独居的生活，每只树袋熊都有自己的领地，只有在繁殖的季节，雄性树袋熊才会聚集到雌性附近。

树袋熊

体长：70～80 厘米	分类：双门齿目树袋熊科
食性：植食性	特征：皮毛呈灰褐色，耳朵较大

扁平的鼻子。

毛茸茸
的大耳朵。

育儿袋开口向下有什么好处

　　树袋熊四肢笨拙，清理育儿袋这种事情对它们来说很困难，而开口向下的育儿袋永远都不用担心地面上的沙尘会进去，即使进了脏东西也可以自动掉落出去。

五指分为两排，
一排两只，另一排
三只。这样更加利
于握住树枝。

它们非常喜欢
蹲坐在树杈的位置
上休息。

身上的毛发
呈灰褐色。

吃了有毒的叶子真的不会中毒吗

　　我们一定不要学习树袋熊挑食的坏习惯哦。树袋熊专门吃生长在澳大利亚东部的 35 种桉树叶，桉树叶的纤维含量很高，营养价值却很低，所以一只树袋熊每天需要吃 400克的树叶。而且对于大多数动物来说，桉树叶具有很大的毒性，但是树袋熊的肝脏恰好可以分解这种有毒物质。

不喝水的动物

　　树袋熊真的不喝水，是一种非常耐渴的动物。它们从每天所吃的桉树叶中获取生活所需水分的 90%，只有在生病或者遇到干旱的时候才会主动喝水，对于日常生活来说，它们从取食的桉树叶中摄取水分就已经足够用了。在当地人的语言中，树袋熊被叫作"克瓦勒"，就是不喝水的意思。

袋熊

辛勤的挖掘者

袋熊是考拉吗？答案是否定的，虽然它们不是考拉，却像考拉一样可爱。袋熊是生活在澳大利亚温带地区的一种有袋类动物。它们的长相有点像熊，但是比熊要小得多，因为可爱的长相备受人们宠爱。袋熊喜欢穴居生活，是挖洞小能手。它们居住的洞穴又大又深，最深可以挖到地下 10 米。洞穴的最里面是卧室，是用树皮和杂草等松软的材料铺成的，真算得上是动物中的豪宅了。袋熊性格孤僻，独来独往，是一种夜行动物。它们大多傍晚外出活动，白天就在自己的"豪宅"中休息。

塔斯马尼亚袋熊

体长：80 ～ 130 厘米	分类：双门齿目袋熊科
食性：植食性	特征：看上去像是小个子的熊，四肢很短

可爱的五短身材

　　袋熊长着一双小耳朵和一双小眼睛。虽然眼睛小，不过与它的眼睛相比，袋熊的块头可是又大又丰满。它们看上去矮胖敦实，腿也比较短，可以称得上"五短身材"。袋熊不仅身材"好"，而且肌肉发达，四肢非常强健有力，依靠自己挖掘洞穴也完全不在话下。

慢性子的袋熊

　　袋熊是个生活节奏比较慢的动物，为了在干燥的环境下生存，它们的新陈代谢变得非常慢，需要好几天时间才能完成消化。此外，袋熊的移动速度也比较慢，行动非常迟缓。但是它们只有在安逸的时候才会这样。当遭遇危险时，它们可以以每小时 40 千米的速度连续奔跑一分半钟！可见袋熊的实力还是不容小觑的。

臀部长着软骨结构，能抵御天敌的撕咬。

袋熊的视力不是很好，它们经常在傍晚或者夜里活动。

依靠灵敏的嗅觉，袋熊在夜里要比白天更容易找到食物。

棕熊

相貌憨厚的庞然大物

棕熊是陆地上最大的肉食类哺乳动物之一，有着肥壮的身子和有力的爪子，力气极大。它们的后肢非常有力，能够站在湍急的河水里捕鱼。棕熊的食谱十分广泛，从根茎到大型有蹄类动物都被它们纳入了菜单。虽然棕熊有不少与人类和谐相处的事迹，但它们依旧是非常危险的动物，尤其是带着宝宝的母熊，这些妈妈们甚至会和比自己大两倍的公熊大打出手呢！

一冬天大睡特睡

从每年的冬天开始，棕熊就带着积攒了一个秋天的脂肪，开始寻找适合冬眠的地方。它们通常会选择背风的大树洞或者石头缝隙，在里面铺满柔软的枯草、树叶或者苔藓，然后小心翼翼地抹掉自己的足迹，躲到洞里大睡特睡。冬眠的棕熊只依靠身上的脂肪来维持生命，一直到第二年春天才重新出来活动。

洄游之路上的拦路杀手

对于棕熊来说，当秋天的鲑鱼开始洄游的时候，它们的盛宴就即将开始了。在这段时间内，棕熊们会聚集到这些鱼洄游的必经河段，它们将终日游荡在这里，在浅水和瀑布附近埋伏狩猎。洄游期间，即将产卵的鱼十分肥美，每一只棕熊都会在此期间大吃一顿，为接下来的冬眠做好充足准备。棕熊甚至还会为了争夺好的捕鱼位置而爆发冲突呢。

它们非常喜欢秋天守候在河边，等待洄游的鲑鱼。

身上的皮毛非常厚，能抵御
其他动物的攻击，厚厚的皮毛也
让它们不惧严寒。

| 体长：150 ~ 280 厘米 | 分类：食肉目熊科 |
| 食性：杂食性 | 特征：皮毛为棕色，头大而圆 |

扫一扫

扫一扫画面，小动
物就可以出现啦！

棕熊的嗅觉
非常灵敏。

棕熊的爪子可以
用来狩猎、捕鱼或是
爬树，也能挖掘土壤，
寻找里面的食物

97

黄鼬

被冤枉的捕鼠能手

黄鼬俗称"黄鼠狼"，是食肉目中体形最小的一类。黄鼠狼的身材不大，长脖子上顶着个小脑袋，身子长，尾巴大，四肢较短，每只脚都有五根脚趾，脚趾上还带有尖锐弯曲的爪。这套"装备"可以让它们毫不费力地穿梭于各种洞穴之间。黄鼠狼背上的毛发呈赤褐色，腹部为黄褐色，身体灵巧，行动敏捷，而且胆子很大。黄鼠狼喜欢在夜间单独捕食，主要食物为啮齿动物、鱼、蛙和鸟卵。每年的 2～4 月是黄鼠狼的发情期，在这段时间雄性黄鼠狼会出洞寻找自己的配偶，它们可以和数只雌性黄鼠狼交配，不同地区的雌性黄鼠狼妊娠期各有不同。黄鼠狼的寿命一般为 8～19 年。

棕黄的毛色是黄鼬的特征。

有一条毛茸茸的大尾巴。

身材矮小而细长，适合在狭小的地方穿行。

黄鼬	
体长：28～40厘米	分类：食肉目鼬科
食性：肉食性	特征：身体细长，毛发呈棕黄色

臭气是必杀绝技

在黄鼠狼的肛门附近有一对臭腺，遇到敌害的时候，臭腺会喷射出一种带有恶臭的雾状液体，这时敌人就会因为受不了这种味道而很难再上前攻击，黄鼠狼就可以趁机逃跑了。

被冤枉的偷鸡贼

有一句家喻户晓的歇后语是"黄鼠狼给鸡拜年——没安好心"，这让大家以为黄鼠狼经常去人们家里偷鸡吃，认为它们是有害的动物，因此人们都避而远之。确实有黄鼠狼偷鸡的事情发生，但家禽并不是黄鼠狼的主食。根据对捕获的黄鼠狼进行的研究表明，仅有极少数的黄鼠狼被发现有过取食家禽的情况。黄鼠狼的主要食物是啮齿动物，而不是家鸡，因此黄鼠狼一直被冤枉着。

99

狐狸

丛林中的天才猎手

　　狐狸总是带有一种奇幻色彩，提到狐狸就会想到狐仙，在神话传说中它们法力高强，可幻化人形，善于迷惑人的心智。这世上虽然没有狐仙，但是狐狸确实生性多疑、狡猾机警。在动物学上狐狸属于脊索动物门哺乳纲食肉目犬科，体长约为 80 厘米，尾长约 45 厘米，尾巴比身体的一半还要长。它的皮毛颜色变化很大，大部分是根据季节变化而发生改变的，一般呈赤褐、黄褐、灰褐色等。在狐狸的尾巴根部有一对臭腺，能分泌带有恶臭味的液体，这可以扰乱敌人，让它能从天敌手中逃脱。狐狸具有敏锐的视觉和嗅觉，锋利的牙齿和爪子，还有在哺乳动物中数一数二的奔跑速度和灵活的行动力。这些能力使狐狸成长为一个具有敏锐洞察力的丛林中的天才猎手。

狐狸的尾巴有什么用

　　狐狸有着长而蓬松的尾巴，不要小瞧这条毛茸茸的粗尾巴，它的用处可不少呢。当狐狸追击猎物时，粗壮的尾巴可以使它保持平衡，以便于在较短的时间内捕获猎物。美味享用完毕后，尾巴还可以替它"毁灭证据"，清除地上的足迹与血迹。在冬季，狐狸休息的时候还会把身体蜷缩成一团，用尾巴把自己包裹住来抵御寒冷。

狐狸的听觉
非常灵敏。

狐狸

狐狸	
体长：约 80 厘米	分类：食肉目犬科
食性：杂食性	特征：身体大部分颜色为红色

皮毛呈红色或红
褐色，因此被称为赤
狐，也叫"火狐"。

狐狸尾巴根部有
一对臭腺，能分泌带
有恶臭味的液体。

吻端狭窄。

扫一扫

扫一扫画面，小动
物就可以出现啦！

喜欢在夜晚偷偷溜出去

　　狐狸和猫一样，都是白天大部分时间休息，傍晚才出
去觅食。狐狸主要以老鼠、兔子、鱼、蚌、虾、蟹、昆虫
等小型动物为食，有时也采食一些植物的果实，偶尔还会
袭击家禽等。虽然在人们的印象中狐狸总是会偷盗家禽，
但从总体上来讲，狐狸对人类的益处是大于害处的。

四肢的末端呈黑色。

101

北美驼鹿

寒冷森林里的巨兽

北美驼鹿顶着鹿角漫步在北美丛林中，它们喜欢在丛林中的低洼地带或沼泽地活动，很少会远离丛林。北美驼鹿的头又大又长，眼睛较小，鼻部宽大下垂，雄鹿的头顶还带有一对大得吓人的鹿角。它们拥有高而且突出的肩峰，体形看起来和骆驼很像，因此被叫作驼鹿。驼鹿擅于奔跑，还擅长游泳和跳跃，甚至能够潜到水下去觅食，然后再将食物带出水面进行咀嚼。它们吃各种植物的芽、茎、叶，经常在黎明和黄昏时觅食。雄性驼鹿平时单独活动，雌性驼鹿会带着幼仔一起居住。野生北美驼鹿的最长寿命可达 27 岁。

 ## 手掌形的鹿角

北美驼鹿与它们在亚洲和欧洲的亲戚的一个明显的区别在于它们的鹿角。与其他鹿不同，北美驼鹿的角后端并不是枝杈形，而是连在一起呈扁平状的一对手掌形的鹿角。这对鹿角的掌形结构要比欧洲的驼鹿更加明显。北美驼鹿的角宽可达 1.8 米，是现存所有鹿中鹿角最大的。

北美驼鹿

体长：240～310 厘米	分类：偶蹄目鹿科
食性：植食性	特征：长着手掌形的鹿角，是世界上鹿角最大的种类

能把车撞坏的大家伙

驼鹿的身体结构比较特殊，身体非常结实。在驼鹿出没的地区，驼鹿经常误闯高速公路而引发事故。在发生交通事故时，驼鹿沉重的身体会撞碎风挡玻璃砸进车内，这不仅会对驼鹿自己造成严重的伤害，就连驾驶员也会有生命危险。在驼鹿经常出没的地方需要标有警示牌提醒过往司机注意。加拿大的一些驼鹿分布区还专门设置了隔离网，用以防止驼鹿进入高速公路。

鹿角虽然威风，不过在交配季节结束之后就会脱落。

手掌形的鹿角是北美驼鹿的标志之一。

它的肩背部高高隆起，看上去有点像骆驼的背部。

强壮的腿让北美驼鹿能快速奔跑。

梅花鹿

森林的精灵

　　在郁郁葱葱的森林里，隐藏着一群活泼可爱的梅花鹿，据说它们是森林里的精灵，给死气沉沉的森林带来了一丝灵气。梅花鹿属于中型鹿类，四肢修长，善于奔跑，喜欢居住在山地、草原等一些开阔的地区，因为这样有利于它们快速奔跑。它们的眼睛又大又圆，非常漂亮；它们也非常聪明机警，遇到危险可以迅速逃脱。

鹿角掉了怎么办

　　梅花鹿头上的角非常漂亮。它们的鹿角很像规则的树枝，主干向两侧弯曲，呈半弧形；两边各分出四个叉，角尖稍向内弯曲。梅花鹿的鹿角不是一生只有一对，每年 4 月份，它们的鹿角会自然脱落，就像换牙一样，在老鹿角的地方长出新的鹿角，所以即使它们的鹿角意外断掉了也不要紧，新的鹿角会随着时间慢慢生长，成为它们的新武器。

梅花鹿

体长：125 ～ 145 厘米	分类：偶蹄目鹿科
食性：植食性	特征：背部和身体两侧有白色斑点

鹿角在硬化之前，表面由一层棕黄色的天鹅绒状的皮包裹着，这种带着茸毛的角就是我们所说的鹿茸。

鹿的听觉非常灵敏，听到任何风吹草动都会迅速逃跑。

梅花鹿身上白色的斑点就是它们名字的由来。

腿部纤细而有力，可以快速奔跑。

与生俱来的保护色

梅花鹿背上和身体两侧的皮毛上布满白色斑点，形状像梅花一样，梅花鹿的名称就是由此而来的。梅花鹿的毛色会随着季节的变化而变化，夏天毛色为棕黄或者栗红色，冬天的毛色会比夏天淡，变成烟褐色，身上的白色斑点也随之变得不明显，与枯草的颜色接近。毛色的不断变换让梅花鹿能够更好地隐藏自己，不被掠食者发现。

105

獾㹢狓

身高：190～250 厘米	分类：偶蹄目长颈鹿科
食性：植食性	特征：腿上有条纹，长相酷似长颈鹿，头上有短角

獾㹢狓

长颈鹿的亲戚

如果长颈鹿和斑马能够"通婚"的话，那么它们后代的模样一定和獾㹢狓如出一辙。獾㹢狓生活在非洲的热带雨林里，看上去长着斑马那样的条纹，但是这种模样奇特的动物其实是长颈鹿的近亲。獾㹢狓腿部的花纹和斑马非常相似，但是它们的面部却和长颈鹿一样。和长颈鹿比起来，它们的脖子短了很多。在獾㹢狓刚刚被发现的时候，人们认为它们并不存在，觉得它们的皮毛是由斑马和长颈鹿的皮拼接成的。直到獾㹢狓的标本和骨骼被运送到欧洲，人们才意识到这种动物其实与长颈鹿有着亲缘关系。生物学家们经过研究发现，在冰河时期，长颈鹿脖子变长之前的模样也的确和獾㹢狓差不多。

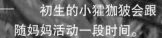
初生的小獾㹢狓会跟随妈妈活动一段时间。

106

獾㹴狓有一对大耳朵，它们的听觉非常灵敏。

獾㹴狓的头顶上有一对小角。

獾㹴狓不睡觉吗

獾㹴狓从来不贪睡。它们每天的睡眠时间只有 1 个小时，而且每次只睡 5 分钟。这是为什么呢？因为它们是独居动物，遇到危险时只能靠自己，所以它们要时刻使自己清醒，保持高度警惕的状态。

它们腿上的花纹与斑马很像。

灵活的舌头有什么用

獾㹴狓长着一条蓝色的舌头，大约有 30 厘米长。獾㹴狓的舌头很灵活，可以用来卷取树上的树叶，获取赖以生存的食物。獾㹴狓很爱干净，时常用自己的舌头来清洁眼睛和鼻子。

獾㹴狓是怎样繁殖的

獾㹴狓的怀孕周期是 421 ～ 457 天。在生产之前，怀孕的雌性獾㹴狓会进入密林的深处，为了保护幼崽的安全，在小獾㹴狓出生后它们会隐藏在丛林里，直到数天后才会离开藏身处。年幼的小獾㹴狓会始终待在妈妈的身边，时刻跟随着妈妈活动。獾㹴狓每次只生一个宝宝，加上它们的妊娠期和哺乳期都很长，因此繁殖率很低。

鼯鼠

小小滑翔机

在森林里的大树上生活着机灵的鼯鼠。鼯鼠体形小巧，十分灵活，行动非常敏捷，跳跃能力很强。它们大部分时间都生活在树上，白天在树洞中睡觉，到了晚上开始出来觅食。树上的嫩叶，掉落的种子、果实以及昆虫等小动物都是它们最喜欢的食物。它们喜欢安静，经常独自居住，胆子却很小，只要一有风吹草动，就会立刻从高处跳下来滑翔逃跑。

尾巴经常
贴在后背上。

身上长着
软软的绒毛。

高超的滑翔技术从何而来

在鼯鼠的前肢外侧，有一根突出的软骨。这根软骨就像是它的第六根指头，能够撑起飞膜的外侧，就像是飞机机翼尖端垂直的小翼。利用这个结构，鼯鼠可以在滑翔中实现快速转弯，以此来躲避突如其来的障碍或是猫头鹰的追击。

鼯鼠	
体长：约25厘米	分类：啮齿目鳞尾松鼠科
食性：杂食性	特征：体形小巧，前后肢之间有飞膜

小巧的爪子能抓住树干，也能灵活地捧起种子和坚果。

鼯鼠的前后肢之间长有飞膜，它就是利用这个飞膜在树木之间滑翔的。

 ## 鼯鼠的家在哪儿

鼯鼠喜欢居住在树洞里，不过它们自己却没有建造树洞的本事。那么它们住的树洞是怎么来的呢？原来，啄木鸟每年繁殖的时候都会在树干上用嘴巴凿出一个新的洞穴，而旧的洞则被抛弃了。等到啄木鸟离开，鼯鼠就会搬进啄木鸟的旧居，把这里当成自己的新家啦。

在滑翔的时候尾巴可以保持平衡。

第三章
高原和极地动物

雪豹的尾巴有多长

雪豹的尾巴粗大，尾巴上的花纹与身体上不大相同。它的身上有黑色的环状和点状斑纹，而尾巴上则只有环形花纹。雪豹的尾巴出奇地长，它体长有 110 ～ 130 厘米，尾巴却有 80 ～ 90 厘米，几乎和身体一样长。这条长长的尾巴是它在悬崖峭壁上捕捉猎物时保持平衡的法宝。

雪豹
高山猎手

在海拔较高的高原地区，生活着一群大型猫科肉食动物，它们就是大名鼎鼎的高山猎手——雪豹。聪明的雪豹历经千年终于找到了适应生存环境的好办法——长出一身灰白色的皮毛，这样就能够更好地在雪地里掩护自己了。因为它们经常在高山的雪线和雪地中活动，所以就有了"雪豹"这样一个名字。由于雪豹是高原生态食物链中的顶级掠食者，因此有"雪山之王"之称。雪豹喜欢独行，它们生活在高海拔山区，又经常在夜间出没，所以到现在为止，人类对雪豹的了解都非常有限。

追随雪线的雪山之王

雪豹为高山动物，主要生存在高山裸岩、高山草甸和高山灌木丛地区。它们夏季居住在海拔 5000 米的高山上，冬季追随改变的雪线下降到相对较低的山上。

雪豹长着灰白色的皮毛，皮毛上有黑色的环状和点状花纹。这些花纹是它在高山雪线和雪地环境活动的"迷彩服"。

雪豹的听觉和嗅觉都很灵敏，可以敏锐地发现猎物和天敌。

雪豹的爪子宽大，便于它在雪地中行走。

雪豹	
体长：110～130厘米	分类：食肉目猫科
食性：肉食性	特征：皮毛呈灰白色，有斑点，尾巴较长

小熊猫

不是熊也不是猫

你知道吗，小熊猫并不是幼小的熊猫，而是一种与熊猫一样有着"活化石"之称的动物，早在900多万年以前就已经出现在地球上了。小熊猫也叫"红熊猫"，体形比猫肥壮，全身红褐色，脸很圆，上面带有白色的花纹，耳朵尖尖的直立向前，毛茸茸的大尾巴又长又粗，带有白色环状花纹，非常好看。我们通常会在树洞里、树枝上或石头缝中见到它们。小熊猫白天的大部分时间都在睡觉，只有早、晚才会出来觅食。它们步履蹒跚，行动缓慢，是一种非常可爱的动物。

馋嘴的小熊猫最爱吃什么

小熊猫就是个小馋猫，什么都吃。它们是杂食性动物，吃树上的小鸟、鸟蛋和其他小型动物、昆虫等，偶尔也换换口味吃一些植物。小熊猫喜欢吃新鲜的竹笋、嫩枝、树叶和野果等，它们最喜欢带有甜味的食物，就像小孩子一样。

小熊猫是猫还是熊

小熊猫的体形非常小，还长有大大的三角形耳朵和蓬松的长尾巴，因此很多人都觉得小熊猫和猫很像，但小熊猫并不是猫科动物。猫科动物是趾行性动物，它们是用脚趾走路的，而小熊猫却和熊科动物一样是跖行性的，也就是用脚掌走路的。但其实小熊猫既不是猫也不是熊，它"自成一派"，是小熊猫科中的唯一一种动物。

小熊猫	
体长：50～64厘米	分类：食肉目小熊猫科
食性：杂食性	特征：皮毛红褐色，尾巴上有白色环纹

它们的长相与浣熊有点像，可不要认错哦。

锋利的爪子赋予它高超的攀爬能力。

115

北极熊

北极霸主

北极熊

体长：约280厘米	分类：食肉目熊科
食性：肉食性	特征：全身为白色的皮毛

北极的标志是什么？那一定非北极熊莫属了，它们憨厚朴实的模样非常讨小孩子喜欢。它们体形庞大，披着一身雪白的皮毛。虽然不能在水中游泳追击海豹，但北极熊也是一个游泳健将，它们的大熊掌就像船桨一样在海里摆动。北极熊的嗅觉非常灵敏，能够闻到方圆1000米内或者雪下1米内猎物的气味。北极熊属于肉食性动物，海豹是它们的主要食物，它们也会捕食海象、海鸟和鱼，对于搁浅在海滩上的鲸也不会客气。由于北极的水不是被冰封就是含盐分过多，因此北极熊的主要水分来源是猎物的血液。

夏天和冬天的局部休眠

北极熊的局部休眠并不是像其他冬眠动物那样会睡一整个冬天，而是保持似睡非睡的状态，一遇到危险可以立刻醒来。北极熊也会很长一段时间不进食，但不是整个冬季什么都不吃。科学家们发现，北极熊很可能有局部夏眠，就是在夏季浮冰最少的时候，它们很难觅食，于是会选择睡觉。科学家在熊掌上发现的长毛可以说明它们在夏季几乎没有觅食。

北极熊很温顺吗

北极熊位于北极食物链顶端，在它们生活的环境里，北极熊可是没有任何天敌的。对于北极熊来说，除了人类，唯一的危险就是其他同类。雌性北极熊如果遇到雄性北极熊抢夺食物，也会毫不畏惧地拼上一拼。别看北极熊平时一副懒懒的样子，好像很可爱，其实它们是一种非常危险的动物。

虽然北极熊的皮毛看上去是雪白的，但是实际上是空心透明的，在阳光的折射下才显出白色的外观。

它们的皮毛是生活在北极雪原上最好的保护色。

它们四肢强壮，可以跑出40千米/时的速度。

爪子非常有力，可以一击制伏一头海豹。

北极狐生活在北冰洋的沿岸地带和一些岛屿上的苔原地带。和大多数生活在北极的动物一样，北极狐也有一身雪白的皮毛。在它们的身后，还有一条毛发蓬松的大尾巴。北极狐主要吃旅鼠，也吃鱼、鸟、鸟蛋、贝类、北极兔和浆果等食物，可以说能找到的食物它们都会吃。每年的 2～5 月是北极狐交配的时期，这一时期雌性北极狐会扬起头鸣叫，呼唤雄性北极狐，交配之后大概 50 天，可爱的小北极狐就出生了。北极狐的寿命一般为 8～10 年。

北极狐会变色吗

北极狐有着随季节变化的毛色。在冬季时北极狐身上的毛发呈白色，只有鼻尖是黑色的，到了夏季身体的毛发变为灰黑色，腹部和面部的颜色较浅，颜色的变化是为了适应环境。北极狐的足底有长毛，适合在北极那样的冰雪地面上行走。

北极熊追踪者

夏天是食物最丰富的时候，每到这时，北极狐都会储存一些食物在自己的巢穴中。到了冬天，如果巢穴里储存的食物都被吃光了，北极狐就会偷偷跟着北极熊，捡食北极熊剩下的食物，但是这样做也是非常危险的。因为当北极熊非常饥饿却找不到食物时，也会把跟在身后的北极狐吃掉。

北极狐	
体长：约 55 厘米	分类：食肉目犬科
食性：杂食性	特征：毛色随季节变化，冬季为白色

耳朵非常灵敏，能听到雪下的旅鼠发出的声音。

皮毛的颜色随着季节而改变，冬季是白色的，夏季是褐色的。

和其他犬科动物一样，北极狐的嗅觉也非常灵敏。

四肢相对较长。

北极兔

冰雪世界的伪装者

北极兔和家兔有什么不同？北极兔生活在北极地区，是一种兔科哺乳动物。它们的体形较大，脑袋也比一般的兔子大而且长。为了适应北极与山地的环境，北极兔有着敏锐的听觉和嗅觉，还有适应季节的毛色，这些使得毛茸茸的北极兔像雪中精灵一样在寒冷的北极繁衍生息。在冬季，北极兔们或缩成一团抵御寒风，或在雪地里跑跳，白色的绒毛与雪景融为一色，使它们成了冰雪世界里出色的伪装者。

北极兔

体长：55～71厘米	分类：兔形目兔科
食性：植食性	特征：皮毛为白色，腿比较长

耳朵的尖端
呈黑色。

天生的好听力

　　因为要适应北极寒冷的生活环境，避免强风灌进耳朵使体温降低，所以北极兔的耳朵要比正常兔子的耳朵小。但是天生的生存欲望和强大的对环境的适应能力并没有让北极兔的听力随着耳朵的变小而退化，反而更加灵敏。在同类之间，它们还能够根据耳朵的不同位置与姿势传达出不同的信息。

身上的皮毛较长。

敏锐的嗅觉

　　北极兔是群居动物，每个群体的数量有 20～300 只不等，这么多的北极兔能在一个家庭中和平共处，就免不了平时的沟通与交流。它们除了用肢体语言沟通以外，还有一种特殊的方式，就是靠着敏锐的嗅觉来传递信息。当北极兔嗅到危险时，就会留下特殊的嗅觉记号，以供同伴辨识。

足部的毛很长，因此也被叫作"毛脚兔"。

平时喜欢伏在地上，有时也会蹲坐起来张望四周。

旅鼠
北极荒野中的小老鼠

　　在北极圈附近，永远有一群活蹦乱跳的小老鼠离不开大家的视线，它们是生活在北极地区的荒野和草原上非常常见的一种小型啮齿类动物——旅鼠。小小的旅鼠身长不到20厘米，体形呈椭圆形，有着圆滚滚的身材和短短的四肢，看上去与仓鼠很相似。旅鼠的毛发柔软，颜色呈浅灰色或浅红褐色，有时会变成明亮的橘红色，到了冬天毛发会变成白色，起到掩护的作用。旅鼠的寿命不过一年，但是它们具有超强的繁殖能力，雌性旅鼠成熟得很快，出生后不到一个月就可以繁殖。它们一顿可以吃掉自身体重2倍的食物，如草根、草茎和苔藓等，凡是能在北极看到的植物都能成为它们的食物，因此旅鼠还被当地人戏称为"肥胖忙碌的收割机"。

挪威旅鼠

体长：10 ～ 18 厘米	分类：啮齿目仓鼠科
食性：植食性	特征：外观很像仓鼠，皮毛有时会变成橙红色

从天而降的"小老鼠"

由于旅鼠惊人的繁殖能力，它们在食物充足的年份会繁殖出巨大数量的后代。因此每隔几年，就会迎来一次旅鼠数量的高峰期。在人类的眼中，这些小动物经常在北极地区的荒野中突然之间变得特别多，而后又很快就消失了，所以在北极圈周边有着"小老鼠"是随着风暴从天上掉下来的传说。

它们长着
小小的耳朵。

身材和仓鼠很像，
旅鼠也属于仓鼠科。

"受欢迎"的旅鼠

旅鼠数量庞大，在北极地区的荒野上，以旅鼠为食的动物有很多。白鼬、北极狐、雪鹗及一种名为长尾贼鸥的海鸟是旅鼠的"四大天敌"。除了这些动物，北极熊也会把旅鼠当作点心，甚至麋鹿偶尔也会吃一吃旅鼠来"改善一下伙食"。即便旅鼠有这么多的天敌，它们依然能够保持一定的数量，真可以说得上是一个奇迹了。

旅鼠的
腿比较短。

第四章
水生动物

水獭如何繁衍后代

水獭喜欢独来独往，只有在繁殖季节才会成双成对地出现。水獭的繁殖时间很自由，一年四季都可以是繁殖季节。它们也会为了争夺配偶而大打出手。水獭的寿命一般在 15～20 年，而小水獭在一岁左右就会离开妈妈，自己捕捉食物，开始独自生活。

水獭

河中的精灵

耳朵非常小，这是它们在进化过程中为了适应水中生活而产生的变化。

在奔流不息的河流中，有一群活泼可爱的精灵在游玩，它们就是水獭。水獭是一种生活在淡水河流和湖泊中的水生哺乳动物，它们身体细长，有着圆圆的眼睛和一对小耳朵。水獭的四肢很短，身披一层褐色或咖色的皮毛，看上去非常光滑。水獭擅长游泳，它们这一身光滑的皮毛可以有效地减小水下的阻力。水獭的鼻孔和耳道处生有小圆瓣，游泳潜水时可以关闭，防止进水。白天，水獭喜欢在洞中休息，到了晚上才出来捕食。它们喜欢吃鱼，为了吃到更多更新鲜的鱼，它们经常搬家，往往是从一条河搬到另一条河，或从河的上游搬到河的下游。除了鱼以外，水獭也会捕捉蛙类和虾蟹等小动物。

爪子很锋利，趾间有蹼。

皮毛非常光滑，适合在水中游泳。

水獭

体长：50～80 厘米	分类：食肉目鼬科
食性：肉食性	特征：皮毛光滑，耳朵短小

灵活的身体

　　水獭的身体柔软，尾巴很长。它们的身体使它们在水下受到的阻力非常小，这让它们能够在水里十分灵活。水獭游泳速度极快，听觉、视觉、嗅觉也都非常灵敏，能够迅速地发现猎物并抓住它们。水獭生性调皮，喜欢玩耍，常常把头探出水面，时而观看远方，时　而跃出水面，非常可爱。

水獭的身体细长，呈流线型，它们在水中游泳的身姿非常美丽。

凶猛的水獭

　　虽然水獭看上去非常可爱，但它们可不是理想的宠物。水獭性情非常凶猛，在遭到攻击的时候敢于向体形较大的敌人发起反抗。另外，南美洲的一种大型水獭甚至敢于捕捉幼年的鳄鱼作为食物！

河马
看似温顺的猛兽

快看，在水面上露出一对小耳朵和一双小眼睛的动物是什么？这个长相有趣的动物就是河马。河马是一种喜欢生活在水中的哺乳动物。河马生活在非洲热带水草丰茂的地区，体形巨大，体重可达3吨，头部硕大，长有一张大嘴，门齿和犬齿呈獠牙状，具有较强的攻击性。它们的皮肤很厚，呈灰褐色，皮肤表面光滑无毛，厚厚的脂肪可以让它们在水中保持体温。它们的趾间有蹼，喜欢待在水里，庞大而沉重的身躯只有在水里才能行走自如。它们平时喜欢将身体没入水中，只露出耳朵、眼睛和鼻孔，这样既能保证正常的呼吸又能起到隐蔽的作用。河马喜欢群居，由成年的雄性河马带领，每群有20～30头，有时可多达百头。

因为常年在水中生活，它们的皮肤非常敏感。

河马的獠牙很锋利，是危险的武器。

河马的皮下脂肪很厚，让它能在水中保持体温。

不要被它可爱的外表欺骗

虽然河马看上去圆滚滚的非常可爱，实际上它们却是一种非常危险的动物。它们性格暴躁，攻击性极强，经常无缘无故就对周围的动物发起攻击。在非洲，河马是每年导致人类死亡最多的野生动物。

汗血宝"马"

河马的汗腺里能分泌一种红色的液体，用来滋润皮肤，起到防晒的作用，因为很像是流出来的血，所以被称为"血汗"。河马看上去皮糙肉厚，其实它们的皮肤极其敏感。河马必须整天泡在水里，如果离开水太长时间皮肤就会干裂，需要用水来帮助它们滋润皮肤并且调节体温。河马只有在夜间或者阳光并不强烈的时候才会上岸。

河马

体长：约 400 厘米	分类：偶蹄目河马科
食性：植食性	特征：外形圆滚滚，有着巨大的嘴巴和獠牙

扫一扫

扫一扫画面，小动物就可以出现啦！

巨大的嘴巴是雄性河马之间互相打斗的武器。

鸭嘴兽是如何下毒的

在哺乳动物中，用毒液进行自卫的只有少数，鸭嘴兽就是其中之一。雄性鸭嘴兽脚掌后面有一根空心的硬刺，硬刺中能放射出毒液，在与敌人打斗时，鸭嘴兽会用硬刺戳向敌人并放出毒液，这就是它们的"护身符"。鸭嘴兽的毒液与毒蛇类似但不会致命，如果人类被刺伤，会引起剧烈的疼痛，数月才能恢复。

鸭子一样的扁嘴是鸭嘴兽最显著的特征。

尾巴像河狸一样扁平。

爪子上有蹼。

鸭嘴兽
长着扁嘴巴的怪家伙

早在人类还没有发现澳大利亚这块大陆的时候，鸭嘴兽就已经生活在澳大利亚这片大陆上了。鸭嘴兽是最原始的哺乳动物之一，它们能像鸟类一样产卵，卵孵化后又能像哺乳动物一样给幼仔喂奶。鸭嘴兽历经数万年，既没有灭绝，也没有进化成其他样子。鸭嘴兽栖息在河流、湖泊中，喜欢吃水生动物，通常在清晨和黄昏的时候在水边猎食，它们没有像哺乳动物一样锋利的牙齿，在水中捕捉到动物以后要先藏在嘴巴里，然后浮到水面上来，用嘴里的颌骨以上下夹击的方式将食物吃掉。鸭嘴兽胃口很大，每天要吃掉和自己身体一样重的食物。

它们为什么叫鸭嘴兽

在 200 多年前，一批英国探险者在澳大利亚第一次发现鸭嘴兽，并将它的毛皮和标本带回了欧洲。科学家们看到的这件鸭嘴兽标本长着水獭一般浓厚的皮毛，尾巴宽厚像河狸鼠，嘴巴像鸭子一样宽大扁平，趾间还有蹼。他们下意识地以为这是一件人为拼凑出来的标本，便把它拆开想要找到拼接的痕迹，但完全没有找到。于是科学家们认为这种奇怪的混合生物一定是上帝的恶作剧，并以它的特点命名为鸭嘴兽。

鸭嘴兽

体长：40 ～ 50 厘米	分类：单孔目鸭嘴兽科
食性：肉食性	特征：嘴巴像鸭子一样，趾间有蹼

鸭嘴兽的毛发可以隔绝空气，保持体温。

海象

海里的大象

　　海象被取了这样一个名字主要是由于它们长着一对和大象的象牙非常相似的犬齿。海象的皮很厚，而且有很多褶皱，不仅如此，它们的身体上还长着稀疏却坚硬的体毛，看上去就像一位年迈的老人。海象的鼻子短短的，耳朵上没有耳郭，看上去十分丑陋。那么，海象和陆地上的大象有什么不同呢？由于常年生活在水中，海象的四肢已经退化成鳍，不能像大象那样在陆地上行走。当海象上岸时，它们只能在地面上缓慢地蠕动。

海象

体长：290～330 厘米	分类：食肉目海象科
食性：肉食性	特征：有一对很长的"象牙"

海象为什么变了颜色

　　海象的表面皮肤在一般情况下是灰褐色或者是黄褐色的，但由于栖息环境的变化，身体皮肤的颜色也会发生改变。在冰冷的海水中浸泡一段时间之后，为了减少能量的消耗，海象的血液流速就会减慢，所以皮肤就会变成灰白色，上了岸之后，血管膨胀，体表就变成了棕红色。

 ## 发达的犬齿有什么用

　　海象的最独特之处就是它的上犬齿非常发达。与其他动物不同，海象的这对"象牙"一直在不停地生长着，就像大象的两个长长的象牙一样。遇到危险时，"象牙"可以保护自己和攻击敌人，是它们最便捷的武器；在寻找食物的时候，"象牙"还可以帮助它们在泥沙中掘取蚌、蛤、虾、蟹等食物；除此之外，在海象爬上冰面的时候，"象牙"还能支撑身体，把它们庞大的身躯固定在冰面上，就像两根登山手杖一样。

在觅食之外的时间里，海象喜欢在岸边的礁石上休息。

眼睛比较小，视力不是很好。

厚厚的皮下脂肪在潜水的时候可以保持体温。

嘴巴里面的"象牙"是海象最典型的标志。

海豹

水下技能高超的哺乳动物

　　还记得动物园中卖力表演的小海豹吗？它们瞪着大眼睛呆萌的样子给人们留下了深刻的印象。海豹是食肉目鳍足亚目海豹科动物的统称，这一类动物在全世界都有分布，尤其在寒冷的两极海域比较多，在我国的渤海海域也有野生的斑海豹。它们以鱼和贝类为食，海狮和海象都是它们的近亲。海豹的游泳本领很强，速度可达每小时 27 千米，同时还喜欢潜水，一般能潜 100 米左右，南极海域中的威德尔海豹则能潜到 600 多米深，持续 43 分钟左右。在游泳和潜水疲劳的时候，海豹们会成群结队地来到岸上或者浮冰上休息。

为"爱人"拼搏

　　雄海豹拥有妻妾的多少在很大程度上是依据该海豹的体质状况决定的，年轻体壮的雄海豹往往有较多的妻妾。在发情期，雄海豹便开始追逐雌海豹，一只雌海豹后面往往跟着很多只雄海豹，但雌海豹只能从中挑选一只作为自己的伴侣。因此，雄海豹之间不可避免地要发生争斗，狂暴的海豹给予彼此猛烈的伤害，鲜血直流。争斗结束后，胜利者会和雌性海豹交配，而失败的雄性海豹只能继续去其他地方寻找属于自己的"妻子"。

海豹和海狮有什么不同

　　海豹和海狮长得很像，有时候人们会区别不开这两种动物。但是仔细观察就会发现，它们之间还是有很多不同之处的。海狮的头比较尖，有一对小小的外耳郭，而海豹则只有短短的脖子和比较圆的脑袋，没有外耳郭。仔细对比海狮和海豹的爪子，我们会发现海狮的爪子更像是鳍，外表光滑而且比较长，后脚的鳍可以朝前摆放，而海豹的爪子毛茸茸的，还带有细小的钩爪，前脚也比较短。凭这两点足以区分它们了。

竖琴海豹的幼崽长着毛茸茸的白色皮毛，等它们成年时，毛色会慢慢变成银色，背部还会有类似竖琴的图案。

与海狮不同，海豹的鳍肢末端有小小的爪子。

与大部分生活在海洋里的哺乳动物一样，海豹也有很厚的皮下脂肪。

身上的鳍肢赋予竖琴海豹优秀的游泳能力。

竖琴海豹

体长：约170厘米	分类：食肉目海豹科
食性：肉食性	特征：幼崽长着白色的皮毛，成年背后则有竖琴状斑纹

第五章
家养动物

猫

温柔的陪伴者

"喵——喵——猫"的猫叫声人们再熟悉不过了。猫是被人类饲养最多的动物之一，论起饲养数量来，可能被人类饲养的猫的数量仅次于狗。早在9000多年前，远古时期的人类就已经有了驯养猫的记录。家猫属于猫科动物，经过数千年的驯养培育，目前已经有了许多形态毛色各不相同的品种。人类驯养猫最初可能是为了控制老鼠等有害的动物，不过到了现在，家猫已经完全转变成用来陪伴人类的宠物了。

治愈人心的宠物

许多人喜欢将猫作为宠物，因为饲养猫可以起到良好的缓解压力的效果。猫喜欢被摸，在主人抚摸它们的时候还会很配合地做出一副很享受的表情，这让人忍不住去摸它们。对于老年人来说，饲养猫也会使人心情舒畅，。

猫

体长：30 ～ 50 厘米	分类：食肉目猫科
食性：肉食性	特征：有着柔软的毛皮和爪子，瞳孔会随着光线变化

猫真有九条命吗

有的时候，猫从很高的地方掉落到地面上，却只是受了一点伤，让人们非常惊讶。这是因为猫的体重很轻，能减少很大的冲击力，更重要的是猫有着强大的平衡系统，从高处下落时可以迅速转身找到方位，以四肢着地，加上它们的身体结构可以起到良好的缓冲作用，能减少震动对身体器官的伤害。所以猫从很高的地方掉下来即使受了伤，也不会致死。在古代，人们不清楚猫不怕从高处坠落的原理，就以为猫有很多次生命，这也就是传说中猫有九条命的来源了。

在人类的驯化之下，猫产生了各种各样的毛色和花纹，毛的长短也各不相同。

猫的胡须是它们探测周围环境的一种工具。

从前，人们经常在农场饲养猫，用以捕捉农场的老鼠。

猫为什么怕水

猫的体温较高，它们喜欢待在暖和的地方，很害怕寒冷，老猫和小猫更加严重。它们不喜欢身上沾上一滴水，走路遇到水坑一定会绕路，如果脚上沾了水会马上甩掉，大多数的猫是不喜欢洗澡的。

仓鼠
可爱的小宠物

你养过仓鼠吗？仓鼠是一种常见的作为宠物的啮齿类动物。它们体长5～12厘米，身体圆滚滚的，两只眼睛乌黑明亮，还有两颗大大的门牙，经常会把自己的嘴塞得鼓鼓的，让人忍不住想去揉几下。正因为它们小巧可爱，所以人们都喜欢把它们当作宠物来饲养。活泼好动是仓鼠的天性，在野外的仓鼠更是喜欢奔跑，所以如果饲养仓鼠一定要给它们准备跑轮，它们会很开心地跑上很久都不觉得累。

在笼子底部铺设木屑可以给仓鼠保温，同时还有消除异味的效果。

圆溜溜的眼睛

长在脸上的"食物储存袋"

仓鼠的两颊内有颊囊，颊囊从牙齿一直延伸到肩部，在食物充足的时候仓鼠会贪婪地将食物藏到颊囊里，把两个腮都装得鼓鼓的，就像自己的小小粮仓，留着没有食物的时候再拿出来吃，这是仓鼠的本能，它们因此被取了"仓鼠"这样一个名字。

如何饲养小仓鼠

　　想要饲养一只可爱的仓鼠，我们先了解一些常识才能让仓鼠生活得健健康康。我们不能喂给它们人吃的食物，因为盐分过高，调味料很多，会增加仓鼠的身体负担。仓鼠畏光，怕热，不能直接照射阳光，到了夏天最好用散热片或者大理石为它们消暑。不能用水洗仓鼠，这会使仓鼠感冒甚至死掉。平时除了及时更换垫料，还需要给它们准备充足的食物、饮用水、磨牙石、浴沙和跑轮等用品。

仓鼠的食物适合多样化，各种种子、谷物、坚果都可以给它们吃，偶尔也需要一些动物性饲料，如面包虫干。

面颊有皮囊，吃不完的食物会储存在夹囊里。

足部有毛，所以这些仓鼠又被叫作"毛足鼠"。

坎贝尔侏儒仓鼠（一线仓鼠）	
体长：约10厘米	分类：啮齿目仓鼠科
食性：杂食性	特征：面颊有皮囊，上下颚各有一对锐利的门齿

老鼠

令人讨厌的不速之客

你知道吗，老鼠的基因和人类基因的相似度高达 92%！家鼠是啮齿目鼠科动物，主要出没在有人类居住的地方，因为与人类关系紧密，所以被叫作家鼠。虽然人类很少会饲养老鼠，但是老鼠属于伴生动物，所以我们将老鼠放在家养动物这一章节。在鼠科中，鼠属的黑家鼠、褐家鼠以及小鼠属的小家鼠都被称为家鼠。家鼠分布在世界各地，不过我们很少在大白天看见家鼠，因为它们是昼伏夜出的动物，为了避开人群，一般都在夜深人静的时候出来活动，行动时会贴着墙根或者路边。家鼠的好奇心很重，适应能力也很强，就算掉进水沟也不怕，因为它们是会游泳的，其中褐家鼠水性最好，可以长时间在水面浮游，还能潜水 30 秒。家鼠还擅长打洞，有些家鼠可以在松软的土壤中打出长达 3 米的洞穴，深度可达 0.5 米。家鼠有很强的繁殖能力，一年四季都可以繁殖，如果不加以控制的话，一对成年老鼠在很短的时间内就会繁殖出极大数量的后代。

身上有着灰褐色的皮毛。

嗅觉比较灵敏。

超强的适应能力

　　家鼠的分布广泛，栖息地多样，适应环境的能力非常强，仓库、厨房、办公室、轮船……无论室内室外，只要是有人类的地方就能看到它们的踪迹。家鼠的生活和人类有很密切的关系，人口密度大的地方，家鼠也多。在人类生活的区域食物丰富，天敌较少，家鼠们拥有更多的机会寻找到食物和繁衍后代，这就使城镇中的老鼠越来越多，不得不人为控制。

医学领域的贡献

　　由于家鼠具有性周期短、繁殖能力强的特点，而且饲养管理方便，饲养成本低，且基因与人类的基因相似度极高，在一些病状的反应上与人类相同，所以家鼠在医学、药物学、生命科学和心理学等多个领域都有广泛的应用。我们人类所使用的很多药物，都是经过了在小鼠和大鼠身上大量的实验之后确认安全才大量生产的。小鼠在医学上的长期实验已经为我们积累了丰富的研究资料。

老鼠的智商也很高，有的时候它们甚至懂得将罐子打开来获取其中的食物。

人类的食物也是老鼠喜欢的食物。

细长的尾巴用来保持平衡。

褐家鼠

体长：约 13.3～23.8 厘米	分类：啮齿目鼠科
食性：杂食性	特征：皮毛呈灰色或褐色，尾巴上面被毛稀疏

毛丝鼠

是猫还是鼠

龙猫有一对
大耳朵。

龙猫是什么？相信很多人都认为它们是一种猫科动物。其实，龙猫可不是猫科动物。它们是原产于南美洲地区的啮齿类动物，是一种乖萌可爱的宠物鼠，学名叫作毛丝鼠。它们的前半身像兔子，后半身像老鼠，耳朵又大又圆，眼睛乌黑明亮，尾毛松软蓬松。它们喜欢群居，性情温顺，昼伏夜出，喜欢吃鲜嫩多汁的牧草。毛丝鼠也可以在家中饲养，饲养毛丝鼠需要干净卫生的生活环境，不能和其他动物一起混养，这样才能保证它们的健康。一般情况下，毛丝鼠能活 15 ～ 20 年，和一般老鼠相比，算得上是长寿的了。

龙猫名字的由来

看过日本导演宫崎骏动画电影《龙猫》的人，都会发现，毛丝鼠的样子跟电影中的龙猫非常相似，所以这种酷似龙猫的动物也就成为人们口中的"龙猫"了，这便是它们名字的由来。其实它们是一种啮齿类动物，也是非常乖萌的宠物。

后腿很发达，
擅于跳跃。

会做表情的小老鼠

　　人们喜欢把毛丝鼠当宠物来饲养，不仅仅是因为它们有一身光滑的皮毛，还因为它们是会做表情的小胖子。只要摸摸它的脸，揉揉它的肚子，它就会眯起眼睛，做出一副很舒服的表情。毛丝鼠还会经常在笼子里摆出一副一脸无辜的样子，经过训练的毛丝鼠甚至还会主动向主人祈求食物，非常可爱。

皮毛真的像丝绸般柔软吗

　　毛丝鼠因毛皮呈丝状而得名，它们的毛厚实、柔软、光滑、浓密，属于比较珍贵的毛皮。毛丝鼠的一个毛孔能长 60 ～ 80 根毛，浓密到连寄生虫都进不去，所以很多饲养毛丝鼠的人认为这是一种很容易饲养的动物。

毛丝鼠	
体长：30 ～ 38 厘米	分类：啮齿目毛丝鼠科
食性：植食性	特征：毛皮极为柔软，有一对大耳朵

脸上的胡须
有探测的功能。

野生条件下的"龙猫"生活在
布满岩石的山地环境。

145

大型犬的精力通常比较旺盛，需要主人花时间来带它们散步或者陪它玩。

狗

最忠实的朋友

　　狗，也叫"犬"，是人类最早驯化的动物之一。它们忠实、可爱，经常被人类当作宠物来饲养，是人们最亲密的动物朋友。狗是由狼驯化而来的，早在大约 1.6 万年前，古代的人类就已经开始驯化灰狼用以帮助狩猎了。在现代，狗更是被训练出了具有缉毒、拉雪橇、导盲等各种能力。狗的嗅觉非常灵敏，能够辨别出 200 万种不同的气味，即使它们眼睛看不见了，也能单凭嗅觉像正常的狗一样生活。它们不仅嗅觉灵敏，听力也非常出色，能够听到的最远的距离是人类的 400 倍；还能够辨别出声音的来源，能够清晰地辨别出 32 个声音的方向。对于人类简单的语言，它们可以根据音调音节的变化建立条件反射，所以当你呼喊你的宠物狗的名字时，通常它都会第一时间摇着尾巴跑到你面前。

忠诚的化身

从古至今狗始终是人类忠诚的朋友，它们帮助警察巡逻、缉毒、侦破案件、救护伤员，还能引导盲人走路，更多的时候能够在家里陪主人玩耍。它们从来不会抛弃自己的主人，生活中经常会发生狗狗舍命保护自己的主人这样感人的故事。正因为如此，狗受到了世界各国人民的宠爱和保护。

和猫一样，狗也有很多因人工驯化而产生的不同品种。

在天热的时候，狗会把舌头伸出来以便散热。

狗	
体长：20～200 厘米	分类：食肉目犬科
食性：肉食性	特征：嗅觉和听觉非常灵敏，尾巴会随着心情摇晃

最早被驯化的家畜

在所有被驯化动物中，狗是最早被驯化的。狗的祖先是狼，经过世界各地的各个民族的长时间驯化，逐渐形成了现在众多的品种。古代人经常出门打猎，会遭到不同野兽的攻击，甚至危及生命。而跟随猎人的猎狗则可以提前发现猛兽的踪迹，以便于猎人尽早采取措施。在围猎的时候，猎狗也可以不断地驱赶和骚扰、攻击大型猎物，让猎物无法休息，以便于猎人捕捉。

猪

最优质的肉用动物

　　猪是一种杂食性的哺乳动物。家猪由野猪驯化而来，比起野猪，家猪体形更大，皮毛比较短而且没有獠牙。人类驯化和饲养家猪主要是为了获取它们的肉以食用，在大多数市场上都能够看到猪肉的身影。猪的体形较大，而且很敦实，四肢短小，胖胖的小家伙在行动的时候非常可爱。家猪多以人工饲养为主，性情温顺，繁殖能力强，每胎能够生 10 只左右的猪宝宝，母猪在生产之后会非常精心地照顾小猪崽，不会让它们受到一点点的伤害，直到小猪崽长大。

养殖场中的猪
很喜欢睡觉。

猪可是很爱干净的

　　与我们印象中肮脏的形象不同，猪是很爱干净的，甚至有点达到洁癖的地步。它们大多时候会在低洼潮湿的地方排便，在较高处和干燥的地方睡觉休息，时刻保持清洁的习惯。只是因为以前的饲养条件比较差，猪没有活动的空间，才会把猪圈里弄得脏乱不堪。一般情况下，猪不会在进食和休息的地方排便，所以给猪建造一个舒适、清洁的生活环境，可以使它们较快地生长和繁殖。

拱土觅食的本领

拱土觅食是猪获取食物的一种方式，猪的鼻子是高度发达的器官，在拱土觅食时，嗅觉起着决定性的作用。猪就是依靠鼻子拱开土壤，寻找土里面的食物的。在现代猪舍内，每日的食物都会由饲养人准备好，但是猪还是会表现拱土觅食的特征。

群居的胆小动物

猪是很喜欢热闹的，不会独来独往，所以一般情况下饲养家猪都是成群饲养的，同样大小的猪应该放在一个猪舍里饲养。家猪喜欢成群活动和休息，它们用身体的接触和叫声来交流、传递信息，一般情况下生活得还是很和谐的。但偶尔也会有打架的情况出现，大的欺负小的，强的欺负弱的，群体里面的猪越多，这种情况就会越明显。

猪

体长：70～200 厘米	分类：偶蹄目猪科
食性：杂食性	特征：耳朵较大，鼻子能够拱地

扫一扫

扫一扫画面，小动物就可以出现啦！

猪对颜色的感觉比较迟钝，但嗅觉灵敏。

前肢较轻，后肢强壮丰满，四肢短小，强健有力。

山羊

善于攀登的羊

　　山羊是人类早期驯化的家畜之一。野生的山羊主要生活在草原和山地等干燥地区，它们能吃的植物种类比较广泛，觅食能力非常强，即使在荒漠和半荒漠地区，山羊也能找到食物生存下去。

　　早在 8000 年以前，人类就开始驯化山羊，中国是世界上山羊品种最多的国家，经过了几千年的驯化，现在人们已经培育出了超过 40 个品质优良又具有特色的山羊品种。山羊和绵羊都是群居动物，只要有一只羊向某个方向走去，其他的羊就会跟在后面，因此人们在放养山羊的时候会训练几只山羊专门作为领头羊。

白胡子"小老头"

　　山羊外观上的一大特点就是下巴上长着一撮白胡子，看上去像一个小老头。这是因为山羊世代都生活在山地上，它们需要不断地低头觅食，为了防止下巴被坚硬的植物刺伤，山羊的下巴就长出了体毛，远远看上去就像长了胡子。

山羊的种类

山羊分为乳用型、肉用型、绒用型三类。乳用型主要以生产山羊乳为主，与牛奶相比，山羊奶所含的蛋白质、维生素、钙和磷等无机盐都要更高。肉用型的山羊生长较快，肉质也更加细嫩可口。绒用型的山羊则以羊毛作为主要产品，著名的马海毛就是利用安哥拉山羊的毛制成的。

山羊		
体长：65～130厘米	分类：偶蹄目牛科	
食性：植食性	特征：头上有角，下巴上有胡子一样的毛	

山羊的角也是它们的武器。

下巴上有一簇像胡须一样的毛。

幼小的山羊会跟随群体行动和觅食。

虽然四肢较长，但是山羊的平衡能力很强。我们偶尔甚至能看到山羊爬到陡峭的悬崖上去。

马

忠实的伙伴

家马是由野马驯化而来的，中国人很早就开始驯化马，但对马的驯化要晚于狗和牛，科学家在遗址中发现的证据显示距今 6000 年前，野马就已经被驯化作为家畜了。在古代，马是人类最好的助手，是农业生产、交通运输和军事等活动的主要动力，也是古代最快的交通工具；在现代，马的作用大多为赛马和马术运动，也有少量的军用和畜牧业用途。马对人类非常忠诚，在世界的文化中占有很重要的位置。

颈部长着鬃毛。

尾巴上的毛很长，曾用作小提琴的弓毛材料。

扬起前蹄是马经常做出的动作。

马是站着睡觉吗

我们通常认为马是站着睡觉的。站着睡觉是马的生活习性，因为在草原上，野马为了能够在遇到危险的时候迅速逃脱，所以不敢躺下睡觉，大多时候只会站着休息。但在没有人打扰的时候马也是可以躺着睡觉的。在一个马群中，一部分马躺下睡觉，而为了安全起见总会有另一部分马站岗放哨。

马

体长：40～200 厘米	分类：奇蹄目马科
食性：植食性	特征：四肢长，骨骼坚实，能在地面上迅速奔驰

农场饲养的马通常
生活在马厩里。

视力太差可怎么办

　　马的两眼距离较大，视觉重叠部分只有30%，所以很难通过眼睛判断距离。对于500米以外的物体马只能看到模糊的图像，只有对于比较近的物体才能很好地辨别其形状。但是马的听觉和嗅觉是非常灵敏的，它们靠嗅觉识别外界一切事物，可以凭借嗅觉寻找几千米以外的水源和草地，也可以通过嗅觉找寻同伴，甚至可以嗅到危险的信息，并且及时通知同伴。

骆驼

沙漠之舟

双峰驼

体长：约 300 厘米	分类：偶蹄目骆驼科
食性：植食性	特征：身体有厚实的毛发，背部有两个驼峰

提到沙漠，我们就会想到一望无际的黄沙和行走在烈日下的几匹骆驼。那么，骆驼为什么能在沙漠生活呢？在自然条件较好的平原地带，人们驯养的家畜通常是马、牛等家畜，而在炎热干旱的沙漠地带，人们驯养更多的则是骆驼了。骆驼是一种神奇的动物，它们可能是最能够适应沙漠生存的动物之一了。在条件严酷的沙漠和荒漠中，骆驼能够适应干旱而缺少食物的沙土地和酷热的天气，而且颇能忍饥耐渴，每喝饱一次水，可连续几天不再喝水，仍然能在炎热、干旱的沙漠地区活动。骆驼还有一个神奇的胃，这个胃分为三室，在吃饱一顿饭之后可以把食物贮存在胃里面，等到需要再进食的时候反刍。可以说，骆驼这种奇妙的动物就是为沙漠而生的。

厚厚的毛发能帮助骆驼抵挡沙漠里的酷热和阳光。

如何防御沙尘

在沙土飞扬的沙漠中，骆驼依然能行走自如，不惧怕狂风与沙砾，是因为它们有精良的装备。骆驼耳朵里的长毛能有效地阻挡风沙的进入，而且它们有着双重眼睑，浓密的长长的睫毛也可以防止被风沙迷了眼睛。除此之外，骆驼的鼻子就像有一个自动开合的开关一样，在风沙来临时，能够关闭开关，抵挡沙土。这些装备让骆驼在沙漠中不惧风沙，毫无压力地长途跋涉。

走到哪儿都背着两座"山"

骆驼的最大特点就是它们背上的驼峰。骆驼分为单峰驼和双峰驼，是骆驼属下仅有的两个物种。看到驼峰就会和它们可以长时间不饮水联想到一起，实际上驼峰并不是骆驼的储水器官，而是用来贮存沉积脂肪的，它是一个巨大的能量贮存库，为骆驼在沙漠中长途跋涉提供了能量消耗的物质保障，这在干旱少食的沙漠之中是非常有利的。

鼻孔可以封闭，避免沙粒被风吹进鼻孔。

双峰驼的背上有两个驼峰，单峰驼则只有一个。

骆驼的脚掌又扁又宽，适合在松软的沙子中行走。

驴

劳动能手

家驴是一种比较多见的动物。在农村，几乎每家每户都会饲养。驴身体很结实，体抗力强，不易生病，并且性情温驯，刻苦耐劳、听从主人使役。驴的长相很像马，大多为灰褐色。驴的身体并不威武雄壮，它的头大耳长，胸部稍窄，四肢瘦弱，躯干较短，因此体高和身长大体相等，呈正方型。

家驴和马为何长相相似

家驴和马都属于奇蹄目马科，它们都属于同一马属但不同种类，所以它们长相相似，体形却不同。家驴体形要比马小，没有马那么威武雄壮。但它们四肢强劲而有力。因此，家驴大多数用于农务耕作。它们性情比较温顺，适合被人类所用。

驴

体高：100～130厘米	分类：奇蹄目马科
食性：植食性	特征：身体结实，四肢较短，性情温顺

驴和马的跨界"相爱"

　　在马属动物中，驴和马有相同的起源和亲缘关系，如果它们交配所得的宝宝，属于异种间的杂种产物。公驴配母马或母驴配公马的爱情产物分别叫作"马骡"和"驴骡"。2015年，宿迁动物园里，一只斑马和一只驴就跨界"相爱"了，诞生了一只可爱的骡宝宝。

驴的身体结实，体质健壮。

驴的头大，耳朵较长。

家驴的四肢短小，蹄小而坚实。

157

索引

图书在版编目（C I P）数据

哺乳动物 / 余大为，韩雨江，李宏蕾主编．-- 长春：
吉林科学技术出版社，2020.11
　（动物世界大揭秘）
　ISBN 978-7-5578-5262-7

　Ⅰ．①哺… Ⅱ．①余… ②韩… ③李… Ⅲ．①哺乳动
物纲－青少年读物 Ⅳ．① Q959.8-49

　中国版本图书馆 CIP 数据核字 (2018) 第 287159 号

DONGWU SHIJIE DA JIEMI　　BURU DONGWU

动物世界大揭秘　哺乳动物

主　　编　余大为　韩雨江　李宏蕾
科学顾问　郭　耕
绘　　画　长春新曦雨文化产业有限公司
出 版 人　宛　霞
责任编辑　朱　萌
封面设计　长春新曦雨文化产业有限公司
制　　版　长春新曦雨文化产业有限公司
美术设计　孙　铭
数字美术　贺媛媛　付慧娟　王梓豫　贺立群　李红伟　李　阳
　　　　　马俊德　边宏斌　周　丽　张　博
文案编写　惠俊博　辛　欣　王　杨

幅面尺寸　210 mm×285 mm
开　　本　16
印　　张　10
字　　数　200 千字
印　　数　1-5000 册
版　　次　2020 年 11 月第 1 版
印　　次　2020 年 11 月第 1 次印刷
出　　版　吉林科学技术出版社
发　　行　吉林科学技术出版社
地　　址　长春市福祉大路 5788 号
邮　　编　130118
发行部电话 / 传真　0431-81629529　81629530　81629531
　　　　　　　　　　　　81629532　81629533　81629534
储运部电话　0431-86059116
编辑部电话　0431-81629518
印　　刷　吉林省吉广国际广告股份有限公司
书　　号　ISBN 978-7-5578-5262-7
定　　价　88.00 元